DAND V
设计思维与视觉文化译丛

# 城市环境中的视觉设计

## Graphic Design in Urban Environments

[英] 罗伯特·哈兰德（Robert Harland） 著

张 澎 译

中国建筑工业出版社

著作权合同登记图字：01-2023-4341号

图书在版编目（CIP）数据

城市环境中的视觉设计 /（英）罗伯特·哈兰德
（Robert Harland）著；张澎译. — 北京：中国建筑工
业出版社，2023.9
（设计思维与视觉文化译丛）
书名原文：Graphic Design in Urban Environments
ISBN 978-7-112-29119-9

Ⅰ.①城… Ⅱ.①罗… ②张… Ⅲ.①城市环境—视
觉设计 Ⅳ.①TU-856

中国国家版本馆CIP数据核字（2023）第172202号

Graphic Design in Urban Environments by Robert Harland.

责任编辑：李成成　程素荣　段　宁　书籍设计：锋尚设计
责任校对：党　蕾　　　　　　　　　校对整理：董　楠

设计思维与视觉文化译丛

# 城市环境中的视觉设计
Graphic Design in Urban Environments
［英］罗伯特·哈兰德（Robert Harland）　著
张　澎　译

*

中国建筑工业出版社出版、发行（北京海淀三里河路9号）
各地新华书店、建筑书店经销
北京锋尚制版有限公司制版
北京中科印刷有限公司印刷

*

开本：889毫米×1194毫米　1/24　印张：5⅓　插页：16　字数：200千字
2023年12月第一版　　2023年12月第一次印刷
定价：**48.00**元
ISBN 978-7-112-29119-9
　　　（40774）

谨以此书献给我的父母
他们让我看到了世界的另一种精彩

# 目录

# 前言

　　营造视觉传达环境的要求是什么？城市区域的功能如何通过视觉形象实现？为什么理解构建城市环境的专业人士如此稀缺？本书通过将视觉设计作为城市设计的视角探讨了这些问题。

　　本书通过查阅视觉设计史学家、城市理论家和符号学家等学者的理论方法以及一些历史资料，揭示了关于本书话题中跨学科交流的困难性。在概述了基础论据和基础立论之后，笔者通过四个关键途径来分析：历史、可成像性、模式和表象。其中的每一个部分，都得到了笔者在过去十年累积的摄影作品集中的经验性案例研究的支持。

　　通过将视觉设计视角叠加到城市设计分析的既定单元，以及其他相对不太正式的环境中，《城市环境中的视觉设计》着眼于视觉设计作为城市设计的某一个层面上的设计方式，从而对城市设计的工作有所贡献。

　　这本书不仅填补了视觉传达和城市发展之间相关思考的空缺，还将关于类型设计的小问题和对城市设计大的期许通过"字体—版式—视觉—城市"的方式联系在一起，并且在这个过程中，提供了"微观—中观—宏观"的城市设计框架。

　　书中提出的理念得到了许多人的支持和鼓励，尤其是文中所提到的许多学者，我将在致谢里对这些曾经给予过我帮助的人致以最真诚的感谢。

罗伯特·哈兰德

# 致谢

　　这本书集诸多学术影响力之大成，我感谢那些曾经教导过我的人。特别感谢克里斯·蒂姆斯（Chris Timings）在1983—1986年期间，对我在诺丁汉特伦特理工学院（Trent Polytechnic, Nottingham）学习图形信息时给予了极大的帮助。同时，也感谢蒂姆·希思（Tim Heath）在2004—2010年我攻读诺丁汉大学（the University of Nottingham）在职建筑学（社会科学）博士学位期间对我的帮助。这本书的题目是在我过往两种学术研究经历的博弈中产生的，尽管它传递了许多关于我博士学术研究期间的探索性思维，但它其实更多源于我早期揭示的标志和城市之间的相互关系［例如克里斯设计的威斯特敏斯特市（Westminster）街道铭牌］。

　　在这两次教育经历之间，及在开始自己的实践之前，作为一名职业视觉设计师，我在设计咨询部门工作，在那里我了解到，例如像路虎（Land Rover）这种大型机构的设计，需要企业形象和标志之间严谨的系统整体性。对于那段经历，我必须向戴维·皮尔斯（David Pearce）和阿曼达·塔特姆（Amanda Tatham）致谢。而在我的学术生涯开始之前的专业设计实践过程中，我与建筑师和城市设计师米克·廷普森（Mick Timpson）和苏·曼利（Sue Manley）曾一起合作过，学会了其他专业设计师是如何在与其市政工作人员的工作接触中发挥作用的。在与当地的重要客户接触中，关于构建视觉环境的需求的相关问题逐渐出现，这刺激了我进入学术界从事学术研究，并指引我找到了我的研究兴趣点。

　　在学术领域中，很多同仁都支持我的研究兴趣，但许多并没有被授予博士学位，这些包括德比大学（the University of Derby）的罗布·凯特尔（Rob Kettell），诺丁汉特伦特大学（Nottingham Trent University）的朱迪思·莫特拉姆（Judith Mottram），还有拉夫堡大学（Loughborough University）的玛莎·梅斯金蒙（Marsha Meskimmon）。他们的研究工作完成得十分出色，并时刻鼓励和帮助着我，让我有时间去整理研究议程。在这里，还有特别值得提及的我的同事马尔科姆·巴纳德（Malcolm Barnard）和马里昂·阿诺德（Marion Arnold），是他们的建议，将我们在2010—2015年期间教授视觉文化模块中流露出的许多想法，在这本书中展现出来。还有圣保罗大学（the University of São Paulo）的塞西莉亚·玛丽亚·洛希沃·多斯·桑托斯（Cecilia Maria Loschiavo dos Santos），更是帮助我加深跨文化设计探索的重要合作伙伴。

书中所讨论的关键概念之间的关系，就是这样持续发展了十多年（甚至更久）才最终成书出版的。除了本书第一稿的审稿人发表的评论非常具有助益性以外，书中许多内容也受益于城市设计学者在审阅早期的期刊文章《城市环境中的视觉设计》（*Graphic Design in Urban Environments*）时的观念延伸。因此，书中的部分内容来源于2015年7月发表在《城市设计》（*The Journal of Urban Design*）杂志中的一篇文章。

最后，还应该特别感谢我的妻子玛丽亚（Maria），以及我的孩子吉娜（Gina）和里奥（Leo）。每当我还需要再多拍一张照片时，他们总能在一旁耐心地等候我。

# 1

# 引言

*"街道、人流、建筑，还有那变幻的场景，还没有被贴上标签。"*

施特劳斯（STRAUSS），1961：12

## 每天都在发生的

在英国，每年的9月至次年5月间的星期天上午，会有成千上万的父母观看他们孩子的足球比赛，这个赛事的足协注册球队有55000个。根据足球基金会网站的报道称：少数父母对于裁判们、那些冲线的人、对方球员和他们的经理人是"侵略性的、讽刺性的和不尊重的"。为了遏制父母们的极度热情，比赛组织方要求他们必须站在屏障后面距离比赛场地边缘约两米的区域内，这是一个临时的屏障结构，由每隔十米锤入地面的十几个一米多高的塑料桩或三角形横幅组成，闪光的绳索或布条将它们连结起来，上面重复印着"尊重"一词。

这道屏障就是一个设计实例，通过视觉效应产生了超越物品本身物质特性的更多内涵，这意味着，有时候信息比物质自身的物理结构具有更强大的表现力。本书讨论的就是有关这种影响人类行为的城市环境中的日常事物。整体上来说，这些都是广义上的视觉设计作品，因为它们是视觉的干预，旨在改善人与环境组成的整体环境。本书的目的是界定范围、解释原因、分析视觉设计在城市环境中的影响，并应用于城市设计之中。

## 本书是写给谁的

本书可以说是为了吸引视觉设计和城市设计这两个学科的相关人士而写的。在高等教育中，前者通常与艺术设计联系在一起，后者则与建筑、景观、城市规划和土木工程等建筑环境专业人士的培养相结合。本书为两个学科之间搭建起沟通的桥梁，最有可能吸引的是那些想在设计中同时运用这两个学科观点的学生读者。

虽然本书的大部分内容面向的是本科生，但是视觉设计或建筑设计的教学强度意味着这些领域的跨学科思维在研究生教育之前很难完全掌握。书中来自地理学、传播研究和哲学观点的差异将作为不同学科之间共享概念的基本导论。例如，地理学上的制图方法是很少被视觉设计的教师和学生熟知的，但是在诸如印刷排版这些领域，却存在许多重叠和互补性的知识。

本书与我们每天经历的事情息息相关，比如我们都有这样的经历：作为行人、自行车骑行者、机动车驾驶员、游客、通勤者和运动爱好者，由于我们与城市之间的互动，从而使这本书有理由产生更广泛的吸引力。从这个意义上讲，本书对于任何一个意识到自己在塑造城市中扮演角色的人来说都是很有用的资源。这些人将会是一个很长的名单：在中央政府和地方议会的政客、公务员、商人、会计师、工程师、房地产经纪人、投资者、艺术节的组织者、公共艺术的创造者和他们的委托人、火灾及犯罪预防官员、休闲设施管理者、旅游经营者、卫生服务规划者、教育政策制定者、运输经营者、经济发展推动者、各种半官方机构及法定机构的成员和管理人员、机构和社会团体、政治家、企业家、政策制定者（Cowan，1997：16）。

## 起源、偏见和方法

当视觉设计师谈到视觉设计如何成为城市结构的一部分时，谈话常常会由于缺乏对建筑环境有更深入的了解而停留在视觉设计与城市公共空间之间的联系上。所以，当城市居住处于人类关注前沿的时候，扩展对这种公认的关系的认识成为写作本书的一个关键动机。

自从20世纪50年代以来，从来没有哪个年代对视觉设计观点的需求如此迫切。然后，赫伯特·斯宾塞（Herbert Spencer）开创了一个现代主义方法来观察城市图形，他使用一个"图形视角"来完成对城市本土环境的环境摄影（Poyner，2002：62）。这发生在这些城市的空前扩张的早期，而我们现在才刚刚开始了解。尽管斯宾塞的工作记录了街道的视觉景观和偶然的图形语言，并且仍然有部分的集中观点强调图形景观，但他没有全面尝试将视觉设计观点与城市设计日程相结合。本书对斯宾塞的工作进行了扩展，在同样使用摄影媒介作为记录设备的同时，叠加上一种开放的思想来思考在城市文脉中可能是什么样的图形形式。例如，本书封面上波浪状的曲线明确了伦敦伊丽莎白女王奥林匹克公园（the Queen Elizabeth Olympic Park）喷泉的视觉外观，这一曲线与相邻的由安尼施·卡普尔（Anish Kapoor）制作的安赛乐米塔尔轨道雕塑（Arcelor Mittal Orbit Sculpture），在接下来的几页中都被证明是具有图形属性的（图1.1）。

图1.1 伊丽莎白女王奥林匹克公园的图形属性（英国伦敦，2015）

这两条波浪线说明了图形符号制作的线条处理基本原理。

　　这本书还得益于作者在20世纪90年代在专业实践中所获得的观点，比如与建筑师和城市设计师合作完成的一些标志和场所标识项目的设计工作。当时，英国布里斯托尔市（Bristol's Legible City）的"易读城市计划"中需要设计交通导向标识的标准，因为在诸如利物浦和伦敦等其他城市中，视觉设计案例的优劣很容易被定位和比较。在一些城市文脉的衡量下，未能满足人们基本需求的、质量差的设计会被视为不合标准，比如字体的易识性，图1.2显示的是在街道标牌基本项目中的字体与排版，是如何给各个指标变量施加多种影响的。

　　对字体和排版的关注是本书结构中的一个基本属性，也关注于四个处于发展中的设计领域之间的关系：字体设计、版式设计、视觉设计、城市设计。对它们之间关系的研究是后面文章将要重点探讨的问题。重点是理解它们之间的关系而非它们各自的定义。在城市设计的文脉下，首先重点说明了视觉设计，另外将内容扩展到超越其与字体设计和版式设计间简单关系的一些含义。例如，涂鸦是图形沟通在图像学范围内介入建筑环境最迅速的方式之一，但它既不是字体设计也不是排版设计。本书继而分析了设计实践的四个关键领域之间的关系，如图1.3所示。视觉设计被定为城市设计范围内的一个中间层级，介于视觉设计与排版及字体这样更为细节的设计之间。

**图1.2** 德比（左）和利物浦（右）的行人标志（英国德比，2014；利物浦，2008）

与更清晰的利物浦的设计方案相比，德比路标上凹进的白色字体部分因受到阴影的干扰而模糊不清。

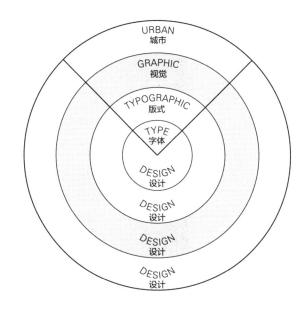

**图1.3** 建构起论据的四个相关设计领域

字体设计、版式设计、视觉设计、城市设计按升序排列，本书的侧重点为视觉设计，包含其抽象的和具象的表现形式。

　　尽管路标仅是一个将印刷、象形符号和具象图形结合到一个装置中的事物，它是引导行人的简单的设计对象，但令人惊讶的是，在21世纪，低劣的案例依然存在。这些例子可以说明字体的设计、它们的排列方式，及其与其他图形装置（如箭头或地图）的结合方式，是如何帮助城市管理导示系统发挥功能，或相反的可能会导致城市出现障碍的。对于没有视力障碍的人，路标的效果是显而易见的。虽然在物理尺度上，路标上的字体、排版及视觉设计在城市环境中相对体量较小，但物与物和物与空间的关系本就是明确的，在援引图形装置后该关系可以得到加强。比如在一个英国海滨度假胜地的项目中有一个"字体—版式—视觉—城市设计连续体"的例子，就是布莱克浦的"喜剧地毯"（Blackpool's Comedy Carpet）设计项目。是由艺术家戈登·扬（Gordon Young）与"何不合作"（Why Not Associates）视觉设计公司联合设计完成。它是一个2200平方米的艺术作品，用来纪念该镇的喜剧遗产，这件作品使用了160000多个固定在混凝土中的花岗石字母。在这项工作中，我们可以了解在城市环境内，一个投资260万英镑的项目中，艺术和视觉设计是如何融合的（这种关系将在第2章中得到进一步解释）。这个设计对"海滨再生"项目贡献巨大，该项目由布莱克浦议会通过，耗资达数百万英镑，见图1.4。

这个项目具有双重意义：首先，它举例证明了一个图形对象如何优化城市形象及它在城市的五个形象要素（参见第4章）中应如何被解读。其次，它描述了在城市环境中分析视觉设计所遇到的困难，因为当图形对象被看作是城市整体的一部分时，他们很难在一个单一的图像中被准确表达。并且当它对公共领域实现了有价值的干预，它自身作为图形语言形式的宏观和微观方面都会变得无效。例如，从整体角度看时，布莱克浦（Blackpool）"喜剧地毯"具有喜剧庆典意义的相关信息就变得模糊不清。同样的，被体现在像省略号一样简单的图形中的事物也是不被充分表达的。"喜剧的庆典"发生在中间层中，本书将其称为"中间层视觉设计"（Haland，2015a：388-389）（进一步了解请参阅第4章）。它清晰地显示在了导示装置的基本排版说明中，其中包括了口头语言、谚语等，这些都是基于喜剧的特性和意义的相关元素。附图中展示了埃德娜·埃弗瑞奇女爵士（Dame Edna Everage）（剧中角色）的口号"你好，负鼠！"和她华丽的眼镜，这种组合既有效而且富有情感。"喜剧地毯"是一个实例，说明了我们应该如何切入城市设计领域以揭示"城市—视觉—版式—字体的设计连续体"的逐层之间渗透的关系。

这个方法常会将本书内容影响到更广泛的研究材料中，促使视觉设计也是城市设计的信念的进一步形成。本书有时是描述性的、解释性的和批评性的，有时会沉浸在历史分析中，偶尔也会相当无趣。这样做的部分原因是为了克服学科界限和偏见，而使用了跨学科方法来更全面地了解日常物品如何影响日常生活，也是因为进入未知领域的谨慎态度，对文献的依赖程度很高，而其他内容则显得更为流畅。

第3章到第6章的案例研究实例引用了许多照片文献，这些照片拍摄于不同的情况下，有时，有充足的时间从不同的角度来观察对象，一遍一遍地去看。另一些情况下，这些案例在不经意间被发现，或处于正在行驶的汽车中，或者只是短暂的一瞥，没有及时的反应导致无法捕捉。因此，有些图像是模糊不清或倾斜的。这些照片被选入以准确地反映这些瞬间状态、天气状况，或者转角纯粹偶然的遇见，及意想不到的震撼。如上所述，图形对象在建筑

图1.4 喜剧地毯（英国布莱克浦，2015）

"城市—视觉—版式—字体的设计连续体"是助力这个城镇"有趣的"民俗庆典活动的设计。

环境中占据空间的比例可变，使图形对象难以在单张照片中体现其本质。除了图形对象的许多固有特征需要详细分析外，当对其在城市空间背景下进行研究时，与其他对象的关系可能变得更加重要。本书通常用不同角度的十几张照片组成的摄影集合来描述物体，或者单以城市空间为特征来进行描述。这强调了将视觉设计作为城市设计研究的系统性。为了将这些理解透彻地展示出来，当色彩被当作重点时，将用两个彩色版面来展示。第一部分描述了大范围的情况，而第二部分则采用了照片随笔的形式。这个对象无处不在，它象征着城市与文明的物质的和精神的形象。

## 本书所不包括的

虽然本书将强调平面图形与城市设计之间的关系，并将视觉设计理念推广到城市设计中，但它并不是一本辨别设计好与坏的书。从图1.2中可以看出，虽然定性比较很容易，但明确好的设计实践案例并非本书的全部意图。有许多因素决定了图形传播质量的好与坏，比如社会、文化、经济、环境、道德和技术等因素。对某些图形对象的分析贯穿始终是因为他们具有一些特点或某些缺陷，本书更多的是为了提高读者的批判意识并认同图形对象的价值，认识到平面图形对象对城市设计的规范目的是有所贡献的，这些论点可以参考卡莫纳（Carmona）、希斯（Heath）、奥克（Oc）和坦纳（Tanner）（2010：4），认识到国家要创造更好的城市环境。

特色案例主要包括作为城市肌理的一部分的图形元素的实际表现，而不是虚拟维度的城市体验。人们对于空间的实际经验可能会被通过智能手机和其他数字设备获取的动态信息覆盖，从而影响人们在所谓"增强空间"中的行为（Manovich，2006）。在对使用多元平台的关注及环境和交互导向系统不断发展的契机中，本书希望可以强调人类体验核心的"模拟环境"的重要性（Stolterman、Nelson，2012：73）。一段时间以来，人们认为技术的交互性和"响应环境"（Bullivant，2006：7）的普遍性似乎越来越不可靠。与日常街道路标、门牌号或人行横道相比，生活在城市环境中的大多数人都不会使用交互式的建筑设施、架下艺术、智能地板墙壁或者类似的媒体设备。

这本书不是对每个国家、每个城市的每条街道进行图形传播的全面调查，那是一项不可能完成的任务。它更关注识别、描述、解释和分析，而不是评估。作为一本单独撰写的书，本书的覆盖范围不可避免地会受到限制，方法也许偏颇，优缺点并存。我对所有缺点负责，但这些并不会影响到我要完成这样一本书的坚定信念。

# 章概述

本书围绕着调查中所含的五个关键词章标题构建了框架，第2章和第3章介绍了论据和历史文脉，第4章和第5章将早期关注的问题与长久和近期的在城市设计中分析图像和视觉元素的城市方法相联系，第6章强调理论与实践之间的联系。

第2章集中讨论了本书论证的不同方面。本章公开了被学者视为城市对象的图形语言沟通的一系列单词和短语，并表明了它们的某些方面不足以使我们完全理解其对城市环境的贡献。该领域的广度和多样性证实了，工程师从艺术设计视角对城市系统的物理性质的呼吁是虚假的。然而，视觉设计视角在其被作为空间实践进行探索之前，就被引入并解释了。在引入亨利·列斐伏尔（Henri Lefebvre）三位一体的"空间的实践""空间的表征"和"再现的空间"理论作为一个社会现实之前，它借鉴了现有的地理学及其对空间的构想。本章最后讨论了另一种地理概念和被称为"图形能力"的沟通能力的相关问题，并提出城市图形是构建图形形式和城市文脉之间关系的有益方式。

第3章关注历史。第2章扩展了城市对象的概念，城市图形对象将作为通用沟通实体被引入。此外，对城市和城市设计的定义进行了验证，确立了该定义能够包含视觉设计的立场。从历史视角进行这项研究。本书回顾了城市视觉设计的历史，并揭示图形对象在美索不达米亚城市早期发展中发挥的作用，在古希腊罗马的文化中，公共碑文装饰建筑物的墙壁的时期，出现了更多重新设计的系统。我们选取其中一个作为本书的第一个案例研究。它的影响进一步延伸至爱德华·约翰斯顿（Edward Johnston）的"地下"字体的案例研究中，伦敦人由于使用公共交通网络，所以对此非常熟悉。尽管古代与现代视觉设计之间的关联能在罗马字母表中得到体现，但视觉设计史忽视了其中城市平面对象的演变。这些案例研究说明了实践是如何适应历史的并将想法作为同类的范例加以利用。图拉真纪功柱（The Trajan's Column）的铭文和约翰斯顿的"地下"字体都证明了这一点。历史报道显示，城市图形对象的完整历史今后还有待继续书写。最后，战后英国设计的影响以及在环境系统中偶尔迅速增长的利益突出了城市图形传播的巨大规模。

第4章的灵感来自凯文·林奇（Kevin Lynch）的图像性概念以及他将城市比作一本书来描绘一个城市如何被阅读。在本章中，我们将考虑城市形象、图形元素、"符号"如何被误用，以及相同语境下被错误使用的语言。以纽约的帝国大厦为例，符号是用符号学意义来区分标签和物体的。尺度通过宏观微观的二重性来探索，二重性包含了用于分析图形对象的中间视角。这种框架连续体在两个城市图形对象的典型案例研究中得到了进一步的发展，这两个案例确定了林奇所谓的城市形象的区域元素。在这方面，东京新宿区歌舞伎町区的大量图形、图像与威斯敏斯特街道铭牌的相对简单的设计形成了对比。威斯敏斯特街的设计不仅划分了伦敦的居住区，而且被认为是标志性的。

第5章是关于模式的，也是以城市设计理论为出发点，重点关注卡莫纳（Carmona）等人的研究（2010）。这是城市设计的视觉维度。虽然这有可能表明了对图形传达的重视是不够的，但对模式和美学的强调启发了亚历山大（Alexander）对模式语言的研究，以及在一个整体中形式和语境的关系。这使得我们可以将前一章中歌舞伎町区与威斯敏斯特市的比较更趋于理论化，并以敏锐反映了罗马历史的西班牙广场上的麦当劳招牌为例，来探讨"适合"与"不适合"的概念。亚历山大总结的253种模式中的两种——道路交叉口和装饰物，以"斑马线"以及里斯本和圣保罗独特的装饰性地面环境的形式被视为城市图形对象。以十字路口和道路装饰为模式语言，提出了图形模式语言的概念。

第6章从符号学的角度重新阐释表征物作为客体的概念。它证实了对城市图形对象进行分类的必要性，但也强调了与这种努力相关的研究困难。本章从不同的学科角度阐述了第4章中符号的问题，特别是符号学在使用符号这个词时，常常是非结论性的和混乱的。因此，客体既被当作表征物来讨论，也被当作康德（Kant）所指的经验的外部客体来讨论。我们将会与符号的双重性"作斗争"，再看看在其他语言的使用中如何更好地避免混淆和误解。在最终的案例研究之前，列出了图形对象的功能，用于分析来自乔恩·朗（Jon Lang）的城市设计类型学的三个案例研究，它们分别是：位于旧金山的吉尔德利广场、巴黎郊区上塞纳的拉德芳斯，以及位于纽约的剧院区和时代广场。并探讨了如何通过有名的或无名的实践者将图形元素叠加到城市设计工作上，并在最后讨论了图形对象如何被圣保罗的垃圾拾荒者用作符号资源，无疑这些例子加强了理论与实践之间的联系。

# 2

# 论据

> "每一门专业科学都从全球现象中切取一个'领域',并以自己的方式阐释这个'领域'。"
>
> 列斐伏尔(LEFEBVRE), 1970: 48

## 简介

本章概述了本书中的论点和方法。首先,它揭示了"城市思想家"在书写各种各样的城市设施时的不一致性,其中就包括了街头装置、手绘涂鸦,还有完整的环境信息系统。本章从视觉传达设计作为一个选择性起点的主题视角,重点思考城市如何运作的系统方法,而不是像其他人那样,去介绍并分析这些具体类别的范围和意义,比如假借导向标识的例子。它将响应长期以来的需求,我们需要从艺术设计的角度来看待城市的物理组成。最后,本章摒弃了"视觉设计究竟是什么"这样令人困惑的观点,认为视觉设计是一种空间实践,以便更好地促进我们更广泛地关注城市的未来。

## 一系列城市对象

城市理论家在他们的著作中不一致地引用图形对象。当他们谈论的是城镇中的一系列个体或群体对象时,他们既没有充分认识到这些对象的多样性和广泛性,也不知道如何对它们进行分类。表2.1列出了文献中使用的通用术语和专用术语的范围。图版1只是其中的一小部分。

另外一个研究者朗(Lang)(2005)将这些分类归入"杂项:城市空间中的独特装置",并使用了"城市设施"来命名被视为城市设计的相关对象。

考虑到所列物体种类的多样性,我们应该及时地对它们的性质和作用有更加全面的了解,这一点尤其重要,因为更多的人生活在城区而不是乡村居民区。因此,城市设计是21世

| | | |
|---|---|---|
| 环境信息系统 | 公共汽车标志/火车标志 | 公告板 |
| 视觉传达展览 | 名称标志 | 地图 |
| 户外信息媒体 | 交通和方向标志 | 公交车标牌 |
| 建筑的传播 | 系统标牌 | 信息板 |
| 商业俚语 | | 救生设备 |
| | 符号或书面语 | 遮阳篷/ 窗檐 |
| 公共信息 | 碑文 | 路标架 |
| 公共标志和照明 | 题词 | 旅行者 |
| 官方的非官方的以及非法公众 | 字体 | 巴士信息 |
| 留言板 | 街道号码 | 横幅 |
| | | 艺术品（雕塑、壁画） |
| 标志 | 街道装置 | |
| 行人标志 | 旗杆 | 19世纪的景观 |
| 秘密标志 | 钟 | 大型图形 |
| 商业名称标志 | 行人过路处 | 图片 |
| 路线标志 | 检修孔 | 大屏幕 |
| 街牌铭牌/边界标志 | 公交专用道涂装路面 | |
| | 彩绘壁画 | 城市视觉文化 |
| | 路标装置 | 美观的表面 |
| | 装饰铺装 | 功能主义立面 |
| | 交通照明 | 电气化刺激 |
| | 护柱 | 奇珍异品 |

纪的首要任务。倡导"和谐城市化"和"综合城市政策"（联合国人居署，2008：iii），需要采取更具包容性的方法。目前，由于对这类图文传播的理解方式缺乏内聚力，需要及时寻求更好的方式来理解图形对象如何有助于实现城市对象的功能。仅在经济层面的状况就令人担忧，例如，在2002年，英国交通运输部交通标志法规和一般指示（TSRGD）就收回了指示全天禁止停车的标牌，并使用了双黄线，以减少街道的混乱。仅诺丁汉市一地就撤出了10000个小标牌。同时，根据诺丁汉市议会的说法，类似的"永久性改造矩形交通标志（1级）"的费用为70.96英镑。假设这些被拿走的标志是分批安装的，也许是在一段时间里陆续安装完成的，统计相关成本表明，即便是在人口不到50万的最偏远城市中，大量纳税人的钱也花在了理所当然的日常设施上。

　　尽管沟通功能是城市设计的重要基础（Lang，1994：171），但城市设计者缺乏正确评价这些对象的框架。传统观点上，城市设计师把沟通功能理解为交通功能，而忽略了其他有助于日常生活的形式。它被诠释为道路、运河和铁路的发展，类似于在媒体界的发展状况，如之前是新闻和广播这样的媒体，现在则是互联网或社交媒体。所以，由于涉及产生不同类型沟通的许多不同代表，因此沟通从未被我们视为一个整体系统。

图形传播是一种城市范式，分散在建筑、景观建筑、城市规划和土木工程的项目中，但并未与这些已建立的活动分离。它是城市系统的一部分，但它从未被作为一个部分城市系统纳入对整体城市的理解中。我们亟须思考的问题是如何才能做到这一点？

## 部分城市系统的研究

有多少人，就有多少研究城市的方式。当城市成为学术研究的宠儿时，李盖茨（LeGates）（2003：13-19）提出了学者们重点关注的12个主要问题：

1. 城市的演变。
2. 城市文化。
3. 城市社会。
4. 城市政治与治理。
5. 城市经济，城市公共金融和区域科学。
6. 城市和大都市空间以及城市系统。
7. 特大城市和全球城市系统。
8. 技术和城市。
9. 城市规划，城市设计，景观设计和建筑。
10. 城市中的种族、民族和性别关系。
11. 城市问题和政策。
12. 城市未来主义。

对于这座城市还有更独特的视角，集中在食物（Steel，2009）、拼贴画（Rowe、Koetter，1978）、肖像学（Venturi等，1977）和图像（Lynch，1960；Strauss，1961），略举数例。从不同的学科角度来看，有工程师更强调对基础设施的关注（例如Ausubel、Herman，1988），但对于历史学家来说，城市更像是一个剧院，他们较少关注道路建设或卫生设施的技术方面，而更多的是将城市作为一个"社会制度"[Mumford,（1937）2003：93]。本书从视觉设计的角度增加了更广泛范围的观点。通过这个视角，提出了新见解，比如关于城市文化、城市和都市空间和城市系统（见第2章）、城市的发展（见第3章）、城市形象及其元素（见第4章）、城市设计的视觉维度（见第5章），以及如何在城市规划、景观设计、建筑以及非正式的建筑环境（见第6章）中部署符号资源。

由于城市社会依赖于视觉设计产生的符号资源，视觉设计为既定方法提供新视角的机会是及时的。此外，由于城市环境日益复杂以及快速城市化对社会关系的影响，人们认识到对城市的研究需要有助于全面了解城市环境的跨学科方法。这些都指向了思考城市本质及与之相匹配的城市系统的新方式，这些新方式与土木工程师等已建立的建筑、环境专业相辅相成，但又相互对照。例如，尽管工程师通常将城市系统视为道路、桥梁或污水处理等作为基础设施的公共工程，但他们也呼吁并倡导从艺术设计的角度理解城市系统（White，1988x：vi）。忽略其他原因，本书也是对这一邀请的直接回应。在探讨这个问题之前，我们将简要介绍这些理解城市运作的方法以及系统方法的相关性。

在研究这座城市时，尼达姆（Needham）（1977）提出了一种系统方法，符合这样一种观点，即城市通过人员、地点、雇主、公共机构和政治之间的相互作用，在计划和非计划、协调和不协调的情况下，或好或坏地发挥着作用。据说系统方法有许多优点：一是研究整个系统，因为它在方法论上比片面的观点更有成效，另一个是系统大于所有组成部分之和，研究整体揭示了与其他系统（例如生物学）的相似性。最后，系统方法也集中于各个部分，而不是其整体，更强调因果关系。尼达姆的方法旨在教授城市组成部分和活动之间的相互作用和相互关系（1977：2，原斜体字）。这与理解城市的另外两种方法——"生态方法"和"个人主义方法"相结合。生态方法关注的是"人的活动与活动发生的空间之间的相互作用"，个人主义的方法则支持这一观点，即个人比群体更重要，前者构成后者，因此允许讨论"集体主义"（1977：4）。综上所述，这三者结合起来分析了一组相互联系的部分，即对象与环境的相互作用及社会交际。所有这些都与本书中概述的论点高度相关，即图形交流促进了人与人之间的互动和相互关系，以及他们以集体和个人的方式与集体和个人相关的建筑环境之间的关系。

在这些方法中，尼达姆倾向于采用部分系统方法，因为研究整个系统是一件"逻辑上的不可能事件"，必须有一个由研究者定义的选择性起点（1977：11，引用Popper，1964）。鼓励全面的理解意味着寻求更多视角，但这些视角是无限的，一种整体的方法实际上意味着从所有有利的角度尽可能多地观察城市。当我们看到构成城市的多种形式（所有形式）之间的关系时，变化是无限的，因此挑战了任何具有泛观视角的愿望。

确定了城市学者所采用的方法，并暗示了本书将如何为这些方法作出贡献，艺术设计也被引入作为城市话语所需要的视角。然而，艺术设计并不是唯一构建本书的论点——视觉设计所选择的出发点。但艺术设计是大多数视觉设计的教学领域，所以了解它将有助于构建一个关于城市环境的视觉设计视角，以及构建一个局部的城市系统。

## 艺术与设计的观点

回归工程师的欲望，从艺术设计的角度详细检查城市的"重要系统"，怀特（White）（1988：vi）问道："一个城市的物理构成或特征是什么？"这要求从艺术设计的角度深度考虑。对这一呼吁的回应是有问题的，因为尽管人们可能对艺术设计在教育的内部和外部是什么有一个大体的理解，但这个短词代表了更广泛的学科。例如，美国国家艺术与设计学院协会的"2012-3手册"确定了23个不同的专业学士学位（表2.2）。在许多机构中，这些专业的各种排列构成了艺术与设计系，也构成了某些学校和学院的核心学科，并且新的学科领域也不断涌现。

美国艺术与设计专业学士学位 表2.2

| | | |
|---|---|---|
| • 动画 | • 普通艺术 | • 摄影 |
| • 陶瓷 | • 玻璃 | • 版画 |
| • 数字媒体 | • 视觉设计 | • 雕塑 |
| • 素描 | • 插图 | • 纺织品设计 |
| • 时尚设计 | • 工业设计 | • 剧院设计 |
| • 电影/视频制作 | • 室内设计 | • 织造/纤维 |
| • 普通工艺品 | • 珠宝/金属 | • 木工 |
| • 普通设计 | • 绘画艺术 | |

与艺术设计相关的词汇包括创造性、美感、智力探索、团队合作、多样性、研究的多样性、反思和独立性。这些表明毕业生所具备的素质，但与来自工程师的工作描述不同，这些数据都不能直接反映出对城市如何运转的理解。

因此，用一种独特的艺术设计视角来看待一个城市的形成，是一件棘手的事情，尽管从13或14世纪开始，通过中世纪的工艺工匠行会，以师徒学习的模式进行培训的历史由来已久。然而，艺术与设计是一个包含多个学科相互交叉的共同体，该共同体随着学科的变化而变化……它还涉及许多其他主题，包括媒体和通信、表演艺术、建筑环境、信息技术与计算、工程、商业，尤其是艺术史、建筑设计史（QAA，2008：4）。由于在艺术设计方面有如此多的学科专业，目前尚不清楚它们如何能够为城市系统提供一个简单的艺术设计视角。

打破艺术与设计的联结并不会使理解过程变得更容易，正如兰德里（Landry）（2006：5）所指出的那样，"城市建设的艺术涉及所有艺术"，它赋予主观性和价值判断、感官体验和复杂性、超越世俗、文化和独特性等领域以特权。在艺术设计中，设计（工程师可能更容易联想到的一个词）通常与人工制品的构思、计划、组织和制作联系在一起，上面列出的时装设计或纺织品设计就是显而易见的例子。当我们每天与它们接触时，就很容易识别。但设计更是一个扩展的概念，包括如何应用创造力、解决问题、学习、进化、社会经历，甚至游戏（Dorst，2003）。新的学科专业已经出现，如交互设计、体验设计或可持续设计，这些通常是交叉学科。例如，信息设计将排版和视觉设计等已确立的领域与语言学、心理学和应用工效学相结合（McDermott，2007：xiii）。设计现在不仅与人工制品的生产相关，还与服务、体验、环境等相关。

从最广泛的意义上说，设计关乎意图、发明和变革，正如经常被引用的那样："每个人都在设计谁制定行动计划，旨在将现有情况转变为首选的情况"（Simon，1996：111）。近些年，人们不仅试图把设计与环境设计联系起来，还试图将其与通金斯（Tonkiss）（2013：2）所说的"社会经济与环境技术过程和实践的复杂互动"联系起来。这显然将设计置于社会科学与艺术的双重位置，但也说明了由于其内部的多重观点，单一的设计视角是多么难以实现。

艺术设计的方法是复杂的，与工程师对工作的解释相比（他们受过科学训练，为产品的设计、制造、机器、系统和结构作出贡献），从艺术设计的角度更加困难，在字典里找不到对艺术设计有价值的解释。工程、建筑，甚至时尚，都没有准确的可供解释的特征。与其尝试去定义一个艺术设计的视角，倒不如承认有许许多多艺术设计的视角。因此，通过揭示相关概念就为我们采用更集中的视觉设计观点提供了一个框架。

## 寻找观点

我们每个人对世界的看法各不相同。观察、经验、反思、假设、信念、方向、文化、习惯、专业知识、专注水平、技术能力、组织能力、个性、学科知识、态度和想象力等都帮助我们形成了高度个性化的观察方式。因此，比较、对比和传递信息的能力在人和人之间也有很大差异。这种多样性导致了一些与研究系统密切相关的"构建类别"。纳尔逊（Nelson）和斯托特曼（Stolterman）（2012：57-91）在一篇关于设计中的系统学的讨论中，将不同的类别划分为立场和姿态、思维模式、心智模式、世界观和人生观、世界方法、观点、筛选、镜头、多角度和观点。在本书中，我们采取一种立场，即采用来自被改变了的思维模式中的方法，以便理解与行动，这种立场允许访问预定的模式（例如理论）或创造新的意义。鉴于没有单一的艺术设计视角来构建我们对城市系统的思考，我们试图将平面传播阵列理解为一个局部的城市系统，这将受益于视觉设计的立场。作为一种从20世纪中叶以来设计和艺术的核心学科之一，以及一种可追溯到早期城市聚落发展时期的有数百年历史的做法，视觉设计完全可以提供这一观点。这一观点将借鉴视觉设计世界的方法，引入视点、筛选、镜头和多维视角，提供一个跨学科的观点来统一在表2.1中所列出的现象。那么，问题是视觉设计的立场可能是什么呢？

## 视觉设计的立场

在本节中，我将在城市设计中明确视觉设计的立场。如前所述，从大量的不足和错误的定义和解释中，视觉设计感以工程师所要求的艺术设计的视角，作为一种象征意义和空间实践将作为象征和空间实践被引入。

视觉设计可以被简单地描述为"选择和安排如排版、图像、标志和颜色等视觉元素，并向观众传达信息的艺术和职业"（Meggs，2014）。它被诠释为一种协作学科，由作家、摄影师和插画家分别为视觉设计师提供语言（口头的）和图像（视觉的）内容，以便整合到一个整体中，但是这种解释的部分性质不足以建立一个视觉设计的视角。城市系统在满足简洁需求的同时缺乏精确性，虽然重点放在整合不同活动的能力上，但混杂的视觉元素只能是暗示。在追求视觉传达的过程中，过于强调同化而对视觉传达可能没有任何限定。"视觉元素"的概念需要更精确的定义，并且其他隐性品质需要更多的认可。例如，它没有提到概念思维，而概念思维是设计的定义目标之一，概念思维通常先于规划和制作，另外，更多的特殊性将来自于对视觉设计近代史的理解。

视觉设计的概念最早出现在20世纪早期，通过非正式的过渡历程，从主要基于插图的商业艺术相关的活动，拓展到综合了字母、排版、设计和艺术愿景的平面艺术，然后是视觉设计（Shaw，2014）。在视觉设计史上，该词汇的起源被错误地归因于威廉·艾迪森·德维金斯（William Addison Dwiggins）（［1922］1999），他在1922年《波士顿晚报》（*Boston Evening*

*Transcript*）的一篇特别的图文增刊中使用了它。著名的书籍和字体设计师德维金斯，他同时也有广告设计经验，曾提出："广告设计是唯一一种使每个人都能理解的视觉设计形式"。此时，视觉设计代表一系列的平面实践，在此之前被称为"印刷艺术""商业艺术""图形艺术"和"广告设计"（Heller，1999：14）。德维金斯的意图是鼓励印刷设计中的艺术抱负。他将视觉设计作为一种不明确的概念，以强调平面传播的形式传达艺术诉求，提出与商业艺术不同的东西。根据肖（Shaw）（2014）的说法，该词汇的早期用法归因于一篇图表设计的文章，用于矩形混凝土截面的加固（Poetter，1908），出版在一本名为《混凝土时代》（*Concrete Age*）的出版物中，该词表明它的本来意图比艺术追求自我表现的本质更加具有理性。

在接下来的几十年里，视觉设计作为一项具备专业名称的专业活动，在美国和欧洲的许多相关职业和行业中变得更加成熟。例如，在欧洲的专业协会，如1939年的瑞士视觉设计师协会（Brockmann，1995：12）成立，专业称谓"视觉设计师"在20世纪50年代传播到瑞典等其他主要欧洲国家（Bowallius，2002：2012）和二战后不久的英国。在英国，它通过1948年在皇家艺术学院（RCA）建立视觉设计学院，以及在中央工艺美术学院建立了视觉设计系并迅速获得了很高的教育地位（西戈（eago）（日期未注明）：63）。

然而，尽管视觉设计在20世纪下半叶的美国和欧洲蓬勃发展并最终在20世纪80年代广为人知（Cramsie，2010：10），但直到20世纪末，视觉设计的定义并未出现在主流词典中。巴纳德（Barnard）（2005：1-2）指出，在那之前，视觉设计几乎被忽视。那时，《牛津英语词典》（*Oxford Dictionary of English*）提供了一个视觉设计的定义，表述为"在广告、杂志或书籍中结合文字和图片的艺术或技巧"（Soanes和Stevenson，2005）。尽管基于屏幕的应用程序在20世纪50年代末开始出现在新的领域，如电影和电视设计，但在承认艺术愿景的同时，这种嵌入式的视觉设计仍然主要应用于印刷媒体。伴随着这一专业的声名鹊起，人们试图捕捉它的真实面目。例如："通过印刷油墨这一媒介表现出来的创造性努力，它用在日常报纸、杂志和书籍上的图案，也在展示卡、零售的包装货物和广告文学中，以及装饰我们墙壁的复制艺术品或原作中"（Friend和Hefter，1935，Shaw 2014年引用）。

在战后初期，皇家艺术学院第一位视觉设计专业教授理查德·盖亚特（Richard Guyatt）模糊地暗示视觉设计是"以印刷为载体的艺术"（Lewis和Brinkley，1954：14）。非常显然，尽管这是一种研究视觉设计的努力，但是也显得缺乏精确性，并难以定义视觉设计师的工作。例如，在关于视觉设计专业的讨论中，盖亚特（Guyatt）的同事引用了爱德华·鲍登（Edward Bawden）的作品，他以画家身份闻名于世，也被人熟知于他为伦敦交通设计的海报、书籍插图和装饰品，以及为啤酒标签、墙纸、报刊广告、为陶器的制图和装饰（1954：

165），还有新闻广告、图纸和陶瓷装饰（1954：165）。很明显，视觉设计实践越来越多地代表着与视觉相关的东西，包括各种材料、工艺和技术。

这一做法在接下来的几十年里逐渐成熟，并带来了对它的进一步描述。例如，《视觉设计与设计师词典》（*Dictionary of Design and Designers*）将其定义为"结合排版、插图、摄影和印刷活动的通用术语以及以宣传、信息传达或引导消费为目的的印刷"（Livingston和Livingston，1992：90）。虽然类似于之前提到的定义，但这仅仅对"文本"和"图片"的阐述也包含了一种发展的态度。值得注意的是，它仍与印刷保持一致，尽管同一份出版物刊登了以视觉设计师的作品为特色拍摄的电影列表，例如索尔·巴斯（Saul Bass）[金臂人惊魂记（*The Golden with the Golden Arm*，Psycho）]和罗伯特·布朗约翰（Robert Brownjohn）[金手指（*Goldfinger*）]。此外，负责1966年纽约地铁和1968年华盛顿地铁标识的马西莫·维涅里（Massimo Vignelli）以及20世纪50年代中期为伦敦盖特威克机场设计标识的乔克·金尼尔（Jock Kinneir）等设计师也在影片中扮演了重要角色。在玛格丽特·卡尔弗特（Margaret Calvert）的带领下，金尼尔（Kinneir）继续为英国道路设计了标识系统，并于1964年首次实施。

还有其他人也为"视觉设计是做什么的"提供了解释。例如，霍利斯（Hollis）认为它的主要角色是"识别、通知、指导，提出并推广"（2001：10），扩展他的观点，即"视觉设计是制作或选择多种标记并将它们排列在一个表面上来传达一个想法的业务"（更多关于视觉设计的功能，请参阅第6章。）。这里没有提到印刷，但人们已经认识到标记制作的创造性行为，是对可供选择的事物的考虑和组织。

在整个20世纪后期，人们对视觉设计的目的缺乏共识，这在学者们的解释中显而易见，他们通过沟通媒体，比如印刷的和电子的、静态的和基于时间的应用的新词汇来确认更广泛（如果不是全部）的应用程序（CNAA，1990：13）。他们将书籍与计算机绘图和视频放在一起，而对于诸如插图、排版和摄影则被错误地框定为专业技术。不同的意图分为信息、宣传推广和娱乐。这些应用包括信息设计、广告设计、企业形象设计、包装设计和出版设计，这扩大了应用范围，比如从印刷到更广泛的传播媒体，但仍然提供了在传统印刷应用程序和新兴屏幕界面之间划分的格式限制。它还引入了一组某种程度上受限制的"技术专长"来定义插图、排版和摄影等通常具有高度创造性的技术追求。即便是在维格尼利（Vignelli）或金尼尔/卡尔弗特（Kinneir / Calvert）的早期工作中，以及强调导示设计的新兴活动中视觉设计的中心作用，并且与建筑相结合（Arthur和Passini，1992），但公共领域等其他环境的多样化是被忽视的。此外，艺术——这一德威金斯（Dwiggins）最初愿望发起的源动力，并没有在正式描述和定义视觉设计的早期努力中被提及。

这些尝试阐明了视觉设计的理念是如何扩展和如何适应新的情况、环境和不断变化的技术的，但是一旦出现了定义和描述，它们就会过时或者不能充分涵盖所有的活动范围。

在《什么是视觉设计》（*What is Graphic Design*）一书中，纽瓦克（Newark）（2002）避开了简洁的定义，解释说这是一种无处不在的艺术。除了印刷品外，纽瓦克还认可，视觉设计师使用超越纸张的一系列材料，从装帧材料到霓虹灯管，甚至处理过的皮革来设计标志、网站并参与电影制作的工作。在这种情况下，视觉设计被认为是一种复杂的新型设计，难以分类。然而，纽瓦克使用定义松散的主题对字母、排版、图像、工具和学科进行了剖析（参见表2.3）。值得注意的是，这些都早于社交媒体和应用程序设计的出现，现在它们也为视觉设计实践提供了当代媒体的参照。

图形设计的"解剖学"　　　　　　　　　　　　　　　　　　　　表2.3

| 字母 | 图片 | 准则 |
|---|---|---|
| 模块 | 插图 | 标志 |
| 字样 | 摄影 | 身份 |
| 数码字体 | 使用摄影 | 打印—宣传 |
| 完整的字符集 | 单词和图像 | 打印—信息 |
| 语言 | | 打包 |
| | **工具** | 图书 |
| **印刷术** | 铅笔 | 杂志 |
| 网格 | 物料 | 展览 |
| 等级制度 | 纸 | 标牌 |
| 章程和其他的策略 | 电脑 | 网络和电影 |

总而言之，20世纪的视觉设计被定义为一个复合术语，指的是个人和群体所从事的一系列相关实践。这最初跨越了手工艺活动，如书法以及与印刷相关的技术知识，至20世纪60年代，已扩展至陶艺、电视、电影及公共招牌等多种媒体，然后是20世纪80年代的计算机所驱动的技术，最近还有互联网和智能手机所驱动的解决方案。

在建筑环境方面，视觉设计是公认的无所不在的。例如，勒普顿（Lupton）（1996：15）指出，城市公共空间是一个展示视觉设计领域多样性的舞台。各种各样的声音，从广告到行动主义，都在努力争取注意力，据此可以说它是城市结构的一部分，比如广告牌中的各种物品、建筑围挡、高速公路标识、社区标识、标志、各种海报（户外、地铁、公交候车亭）、贴纸、公交制服、出租车信息卡（1996：15-28）。这复制了本章开头列出的对象范围。这很重要，因为它承认城市设计师所使用的一系列术语所指代的东西。勒普顿简单地称同样的东西为图形设计。

从中可以看出，城市如何用不同的声音，在不同的环境中，借助于一种旨在哄骗、影响和告知的媒体信息的混合体中表达自己。它们附加了人类话语、代表了城市中各种各样的声音、在街道上作为图形语言被看到而不是被听到。当视觉设计师进行这些观察时，视觉设计与城市公共空间之间的关联就会静止，它们驻足于此，在这一点上对建筑环境的更深入理解就可以进一步加强这种关系。

现在应该清楚的是，到了20世纪末，视觉设计采用了和适应了不同的表现形式，适应了重大的技术变化，反而阻碍了对该领域的简洁描述。在世纪之交，当定义出现在普通词典中时，一些电影和公共标识等设计活动仍然被忽视，导致该领域缺乏凝聚力，无法发展出一种线性方法来解释它是如何演变的。此时，视觉设计的目的因其具有说服力和信息性的潜力而成为人们关注的焦点，除此之外，其他方面仍然存在分歧：一些人优先考虑的是教学，而另一些人优先考虑的是娱乐。

视觉设计自从最初作为强化的实实在在的"工具"被引入，到以上这些对视觉设计的各种描述都表明了它的学科基础尚未巩固，然而历史学家依然声称它与城市和文明一样古老。

## 以视觉设计的名义

随着20世纪后期视觉设计实践的发展，具有里程碑意义是1983年，在那一年，视觉设计作为一种学术追求被历史化了，它的起源以及它与工业和文化相互交叉的关系变得明显了。《视觉设计史》（*A History of Graphic Design*）（Meggs，1983）探索了它从史前时代的进化、文字的发明、印刷术在15世纪欧洲的发展、工业革命以及摄影等新的形式，一直到20世纪的"现代"视觉设计。随后，尽管是以一种非常有限的方式，视觉设计作为一种代表书籍艺术、广告艺术、包装艺术、宣传艺术和企业形象的概念被引入。现在，在该领域内融入的各种做法不仅具有集体认同感，历史悠久的特点也证实了它在文明摇篮里的根源地位。

视觉设计的历史纪录——麦格斯的其中一部的后续版本中又增加了其他版本［如Drucker和McVarish，2013；Eskilson，2012；Hollis，2001；Jubert，（2005）2006］，这一活动追溯到至少五千年前的文字发明，追溯到由史前人类以洞穴绘画形式制作的早期标记，其中包括点、正方形和其他造型。最近的研究进一步证明，人类以图画、色彩和拓印的形式，在洞穴墙壁和洞顶上制作人工标记的活动，可以追溯到四万年前的印度尼西亚苏拉威西（Ghosh，2014）。大约一万年到两万年后，一些简单的抽象符号，如在旧石器时代的骨头上雕刻的线、点和同心圆，出现在了远在法国和澳大利亚的某些地方［Jubert，（2005）2006：18］（代表月球周期等事件）。

从这个起点开始，研究视觉设计的历史学家通过字母、手抄本、印刷术的发明、工业革命、工艺美术运动、现代艺术和国际风格的影响、信息时代、数码革命、"自己动手"和"公民身份"，追溯了视觉设计从古代到现代的发展。我们现在所称的视觉设计起源于至少五千年前的苏美尔，随着一万年前美索不达米亚城市和建筑的建立，更远可以追溯到四万年前劳动工具的发展（Friedman，1998：85）。

除了20世纪的综合活动，也除了人类首次在洞穴壁画中制作的标记也已经被证实之外，视觉设计还与越来越复杂和多样化的活动相联系。在21世纪初期，视觉设计师以视觉设计的名义提名了许多专业活动。表2.4列出了图形设计师选择和组合视觉的各种"元素"，他们追求了视觉"目标"和协商"效果"的方式（改编自van der Waarde，2009）。在这个图表中，不仅有排版和插图设计，还有与桌面出版系统、环境设计和终端研究等新领域并列的传统领域，比如插图。作为一项专业活动，它被称为"开展视觉手段以支持客户与其联系人之间对话的商业活动"（van der Waarde，2009：5）。这种描述将视觉设计定位为一种销售服务来彰显其商业价值而非文化追求（忽视了威金斯所说的艺术抱负），其实暗指了过去早期的视觉

### 视觉设计师所从事的活动    表2.4

| 视觉元素 | 视觉目标 | 效应 |
|---|---|---|
| 插图 | 电影制作 | 市场营销 |
| 摄影 | 网页设计 | 沟通策略 |
| 印刷 | 图形艺术 | 可用性 |
| 文案 | 空间设计 | 终端用户研究 |
| 图像加工 | 广告 | 视觉研究 |
| 动画 | 住宅风格设计 | 视觉策略 |
| 音频-视频 | | 概念发展 |
| 规划 | | 家居风格管理 |
| 程序设计 | | 项目组织 |
| 作家 | | |
| 资讯图像 | | |
| 桌面出版系统 | | |

设计先驱试图与之划清界限的所谓的商业艺术。虽然视觉设计的专业表现无疑也需要了解商业，但这个论断意味着视觉设计的目标是追求利润或为工业生产而做。这事实上是与广告作为视觉目标相一致的，但是，与许多其他规定的活动相比，它的重要性已经降低，这支持了威金斯认为广告设计只是视觉设计的一种类型的观点。

显然，视觉设计的概念在不断发展，以其名义开展的活动和意图的范围有时在减少，有时在增加，比如书法不再像威金斯认为的那样有意义，但排版仍然是核心；比如印刷不再是主流媒体，但基于屏幕的传播正在崛起。视觉设计不再仅仅由个人来进行，而且还由大型团队来承担，他们在专业范围内完成多个初级角色和高级角色。它不仅是现在和将来，同样也是过往，有着悠久而不断发展的历史。但是各国的解释也不尽相同，例如在葡萄牙，语义学上的命名仍然将视觉设计师（designer gráfico）与印刷业（indústria gráfica）紧密联系在一起。

不断扩展的感知引起的意识的增强，导致了它的普遍存在，"无处不在，触及了我们所做的一切，包括了我们所看到，我们所购买的一切"（Helfland，2001：137）。这种说法进一步阻碍了对其进行定义的设想，并使其与建筑等其他设计活动相冲突。尽管如此，视觉设计在现代生活中的作用是显而易见的，它是普遍的，并且在摩尔斯（Moles）（1989：119）所指的在日常生活中的小规模焦虑、快乐、结构、事件和决定中起着重要作用。

摩尔斯（Moles）在最全面的意义上使用视觉设计的理念：他证明"世界的易识性"，通过将生活转化为"可理解的话语"的能力来表现事物、产品和行为。这将视觉设计定位为"符号"或"符号形状元素"，如箭头、招牌、海报、信号……门……公司标识、标识类型、交通标志。据说视觉设计通过其社会功能和沟通作用去与环境联系，从而摩尔斯（1989）揭示了标识中的真实空间和印刷页面这两种空间的区别。在现实空间中，他提出的建议是空间和容量，如"林荫大道、走廊、街道、火车站、码头、人行道、楼梯、商店橱窗、标志、家庭住所、办公室和工作场所"，这些都是可感知的，因为它们被"象征性地标记"，并成为符号，而印刷平面指的是视觉设计师通过"图形工程"以及对"线条、对比度、形状、直角、纹理、颜色［原文］"作为"图形单位"或"符号原子"。从心理学和社会学的角度来看，摩尔斯提供了进一步的描述，他指出："视觉设计，一般来说，是在信息与其目的之间建立功能等效的科学和技术……通过书面信息、符号或图像的组合或脱节方式最大限度地提高沟通的影响"（Moles，1989：120）。这一次，我们看到艺术与科学之间的距离越来越远，但这些都是很难被衡量的东西。值得注意的是，摩尔斯试图辨别"视觉设计所占据的空间——真实的和印刷的"，这种类似于凯文·林奇所类比的关系，他试图通过对比版面设计的简单性和城市设计的难度来解释其易识性（1989：122）。关于这一问题，我们将在第4章继续探讨。

"什么是视觉设计？"这个问题，我们试图通过回顾一系列描述它的主张进行回答，到目前为止，得出的结论是它已经成为一种动态实践活动。它被统称为艺术、科学、技术和技能，它结合了具有影响和交流意图的专业活动的产生、安排和组合。它既不是媒体或特定学科，并且也没有空间或时间边界。从1954年提出这个问题到2014年，陆续给出了不同的答案。最短的定义不足以限制其意图、范围和应用，而来自外部艺术设计更广泛的诠释，说明它具有象征意义和空间感。以图像或物体形式出现的象征主义通常是可以理解的，但是超出了平面上图形实体排列的空间维度（用摩尔斯的区别来表示）就不太为人所知了。视觉设计与真实空间之间的这种联系，使得视觉设计与城市文脉的联系变得具体实在，并且成了一种空间实践。

## 视觉设计作为空间实践

所有先前讨论过的诸多释义都认可并将视觉设计作为一种通用的多用途实践，但应用程序的多样性，比如从使用手指在洞窟里画画到使用数字技术在屏幕上进行绘画，使视觉设计从根本上成为一种时空现象。此时间维度是通过对视觉设计在20世纪早期出现之前和之后的描述作为历史来揭示的（这在第2章有进一步的探讨）。随着时间的推移，从模具到屏幕，图形沟通的创造性使用已经被记录了下来，但这不仅仅是一个物理跟踪练习，它也是人类努力的结果，是我们作为人的一种表现。正如索娅（Soja）（2010：15）所说："随着时间的推移，我们也创造了我们的集体自我，建构出了依据我们个人经历被表达和刻画出的社会、文化、政体和经济。"这些表达和印记通过视觉设计表现出来。索娅认为，学者和更广泛的公众认为历史会比空间或地理思维"更具有启发性和洞察力"（2010：15）。

基于此，为了进一步理解视觉设计作为一种具有社会内涵的空间实践，接下来将从地理学和哲学的角度进行阐释，并将其应用于城市文脉下的视觉设计，进而掌握视觉设计是一种空间实践的概念。这将不同于平面空间的概念，它既可以是通过表面上的标记来表示空间的图形，也可以是空间结构的描述。前者意味着不同标志的组织方式，而后者则表示为一种二维或三维的空间错觉，是一种地图上面跨河桥梁的方式（von Engelhardt，2002：21）或者用字体表示三维的方式。然而，后一种图形空间的解释适用于视觉设计作为一种空间实践，它依赖心理建构和视觉感知来实现。

根据斯瑞夫特（Thrift）的说法，空间是地理学的"组成部分"，它有四种构成方式：

（1）作为"经验结构"；（2）作为"流动空间"；（3）作为"图像空间"；（4）作为"场所空间"（2009：85-96）。这被称为"空间的关系观"——这个观点是："在或多或少有组织的流通中，由于事物之间的相互作用而不断地进行着建设"的想法。简单来说，这意味着行动的方式在集成系统中受到支持，而视觉设计就是在这个系统中呈现出来的。

对于第一种空间，作为经验结构的普通对象，是字体、钟面或计算机接口等构造空间。除此以外，斯瑞夫特列出了"房屋、汽车、手机、刀叉、办公室、自行车、电脑、衣服和干衣机，电影院、火车、电视机和花园小径"。这些物质对象是摩尔斯所谓的"日常生活的普遍要素"，它们以符号元素的强加为象征，用来提供"源于标志的知识"（1989：120）。我们可以将其视为图形元素（如名称或符号）的应用（有可能组合在商标中），或者对象本身拥有的属性（如独特的颜色、形状，纹理和图案）。例如，苹果iMac G3的设计以其柔和的蛋形造型和半透明的塑料外壳作为一种象征性的诠释。

作为流动空间，视觉设计为信息的移动提供了物理和虚拟的形式，将人与人、人与空间联系起来。另外与全球化相互关联的概念密切相关，信息作为一种媒介的交流将原本不相连的实体聚集在一起，如用以访问网站的网络设备。

由于图像的信息容量，图像空间是图形设计空间的第三个也是最明显的相关概念。斯瑞夫特列出了各种各样的图像，从绘画到照片，从肖像到明信片，从圣像画到田园风景，从拼贴画到模仿画，从最简单的图形到最复杂的动画，都证明了普遍存在的"图片"为我们提供了一个"空间寄存器"。特别是，他突出了我们作为空间结构的相关场合，有家、酒吧、机场、车站、咖啡馆、商店、购物中心、候车室、交易室、办公室、书房和卧室，所有这些空间都包含这样或那样的图形图像。

最后，场所空间要求我们"想到在城市中散步，不仅包括与其他人的眼神接触或与广告标志或建筑物间的信息交流，还包括交通噪声和谈话声、售票机和扶手的触感，废气和烹饪食物的气味"。这些都是符号、标志和表现形式，而斯瑞夫特使用了组合式新词"在场性"，以强调在理解一个场景时情感与空间本身同样至关重要。地理学家对空间概念化的所有四个概念中，视觉设计明显地促成了"在场性"这一概念的生成。

这种空间关系视图或关系空间将操作与系统融合在一起，且本质上是图形化的。它还支持列斐伏尔所解释的对空间的理解，即空间是"直接通过其相关的图像和符号而存在"，这些图像和符号"或多或少趋向于由非语言符号和符号组成的连贯系统……如艺术作品、书写系统、织物等"（1991：39-43）。视觉设计的产品支持列斐伏尔的观点：把"空间生产"称为一种社会现实，或"一系列关系和形式"（1991：116），构成"信息图和计划、运输和通信系统、通过图像和标志传达的称为'空间表示'的信息"（1991：233）。这两种对空间的解释，作为社会现实或一组关系，将图形对象以本身的权利划分为实体的图形对象，或作为城市结构的一部分的图形对象。列斐伏尔将此进一步解释为视觉设计的"概念三位一体"的一部分，包括：

1. 空间实践，包括生产和再生产，以及每个社会形态的特定位置和特定社会关系。空间实践确保了连续性和一定程度的凝聚力。就社会空间以及与该空间的特定社会关系中的每个成员而言，这种凝聚力意味着一个被保证的"能力"水平和特定的"表现"水平。

2. 空间的表现，与生产关系以及这些关系强加的"秩序"联系在一起，从而与知识、符号、代码和"正面"关系联系在一起。

3. 表征空间，体现复杂的含义，时而是编码的，时而不是编码的，它与社会生活的隐秘的或地下的内容相关联，也与艺术相关（最终可能被定义为表征空间的代码而不是空间的代码）。

列斐伏尔，1991：33

在这个三元组合中，连续性、凝聚力、能力、表现力、秩序、象征和艺术是将视觉设计确定为空间实践的条件。列斐伏尔将系统、图像和符号、关系和形式以及表现视为社会现实，并进一步引入了"什么是表现"的新解释。图像和照片的空间，如图纸和计划空间，即是所谓的"视觉空间"（1991：298），空间和视觉空间的表现形式看似相同，不同的是前者是针对城市行动的。因此，表征空间、空间表示、视觉空间和空间实践，为视觉设计的产品作为系统、图像、符号、关系和形式提供了框架。

这种视觉设计作为空间实践的描述在视觉设计、艺术设计以外的对空间的描述中被证明是合理的，尤其是地理学提供了与视觉设计方面直接相关的深层视角。

## 超越视觉设计

至少在高等教育中，视觉设计主要与艺术设计相关，自20世纪90年代初以来，该领域已经有了显著的扩展，增加了这个领域的深度和多样化，适应了许多新的观点。艺术设计历史的新进展随即产生了新影响，比如后现代主义（如Poyner，2003），已经带着对于沟通的关注开始走进该领域（如Barnard，2005）。所以，视觉设计因其与传播、意义、功能、观众和市场的关系，因其所具有的全球影响力和艺术的关联性，因其具有的独特不羁的美学，或其受到现代主义的依次的对比鲜明的影响而受到高度赞赏。因此，艺术设计高等教育的发展变化，现在体现在各种强调专业化的项目名称中，例如插图、排版和动画等，通过数字媒体、动态图像或多媒体的技术趋向。与视觉传达和传播设计等其他学术领域以及视觉文化等新学科的联系已经成为一种愿景（Harland，2012）。然而，有明显图形协同作用的跨学科关注却被忽视了（Harland，2015b：87-97），例如地理学家对"图形学"的使用。相对而言，数学和文学批评这两个学科都承认"图形性"的概念，这些现象是相对被忽视的。计算数学（Del Genio等，2011）、认知科学（Shimojima，1999）和文本研究（Eaves，2002）都使用了埃德加·爱伦·坡（Edgar Allan Poe）在评论玛格丽特·富勒（Margaret Fuller）所著的《湖光夏日》（*Summer on the Lakes*）的文笔时使用的词，这些词涉及该书中所描写的尼亚加拉的湖泊（1843：5）。爱伦·坡宣称：

> 这卷中的许多描述都是无与伦比的"图形化"，因为他们通过小说或其中的意外传达出的真实的力量，也通过引入其他艺术家肯定会忽略的与主题无关的碰触。这种能力也源于她的主观性，这导致了她根据其特征而不是其效果来描绘场景。

1858：74

由于我们的关注点，这些不同解释中最有用的是地理学对图形学的应用，部分原因则是它被定义为沟通能力。该术语来自地理学家鲍尔钦（Balchin）和科尔曼（Coleman）的文章，他们在1965年的《"泰晤士报"教育补编》（*The Times Educational Supplement*）（11月5日）中发表了文章《图形能力应该是第四张王牌》（*Graphicacy should be the Fourth Ace in the Pack*）[这比一些地理学家引用的时间早了一年，他们后来看到的其实是在《制图者》（*The Cartographer*）杂志上一篇与之同名的文章，3：23-8，1966]。1972年，巴尔钦（Balchin）给出了一个准确的定义：图形学是"无法通过语言文字（书面而非口头的意思）或数字手段充分表达的关于空间信息的交流"（Boardman，1983：序言）。最初，他们呼吁在小学进行这门学科的普及教育，但在大学地理教学中，它实际上已经成为一种研究方法。

虽然制图学的重点是所有与制图和地图有关的问题，比如"地图的开发、制作、传播和研究"，图形能力涉及的是"阅读和构建图形交流模式的技能，如地图、图表和绘画作品"（Perkins，2003：343）。它被认为是除发音、识字和计算能力之外的第四种地理能力，因为它是一种能流利地构造和释义各种图形的交流方式（图形、图表、插图、照片、雕塑、图标和地图）（Monmonier，1993：4-12）。

制图学虽然没有像识字或计算那样容易理解，但值得注意的是它包含了雕塑，但省略了排版和印刷，可能尽管其在地图上重要，但字体排版仍被认为是制图师的一个困难领域（Perkins，2003：358）。其他人则认为，图形是一种交流形式，因为它利用了某种形式的符号语言来传达空间关系的相关信息。图形表示包括了地图、照片、图片、图表、卡通、草图、海报和图形（Wilmot，1999：91）。它的基础是基于威尔莫特（Wilmot）所说的"空间感知和空间概念化"，即通过空间感知和空间概念化，一个人可以理解自己的经历。威尔莫特继续说：

> 这个过程有两个方面：首先，它涉及通过感官收集关于环境中物体是什么以及它们在哪里的信息，其次，它与大脑中的一个组织过程相关，这个过程发生在大脑中，目的是对通过感官传递的外部世界的信息进行排序和理解。

1999：93

图形的阅读和构建维度、结合信息收集、对象定义，方向和认知意义的形成与结合，这些内容与视觉设计的创作和过程密切相关。在本章所述论证的背景下，我们有充分的理由将城市图形作为一种沟通能力，这种作品可被称为城市图形对象，相关内容将在第3章的开头作进一步解释。同时，在本书中，城市图形对象是指与城市环境功能直接相关的图形对象，例如，帮助您到达城市目的地的路标是城市图形对象，但杂志就不是。虽然杂志可能会被解释为一个图形对象，但杂志可能只会间接地影响城市中人类的行为。

有证据表明，在数字软件的世界中，图形对象是用钢笔、画笔和字体创建的。图形对象，既是直线、圆弧、圆和矩形的形式，也与数学公式有关。在艺术中，图形对象是与米拉·申德尔（Mira Schendel）的创作相关的纸张、字体、诗歌、丙烯酸层压板底座、透明度以及哲学结合在一起的审美抽象形式，即不可读的、有意义的创作作品。

在可读的意义构成方面，对图形对象的最全面的解释可以在冯·恩格尔哈特（von Engelhardt）（2002）的著作中找到，这是关于图形语法和图形语言的一部分更广泛的讨论。图形对象与图形表示同义，集成了"复合图形对象及其图形子对象的'递归概念'"（2002：23，原始斜体）。从本质上讲，这可以转换为整个对象与对象在不同层上的各部分之间的循环关系，它们在最详细的层面上，被称为"基本图形对象"。这种递归的性质在以下的定义中是明确的：

> 复合图形对象由包含一组图形子对象的图形空间组成，图形子对象既可以是复合图形对象本身，也可以是基本图形对象。
>
> 冯·恩格尔哈特（VON ENGELHARDT）2002：23，原始斜体

冯·恩格尔哈特用符号举例说明了图形对象的概念，例如在蓝色圆形背景中包含一辆自行车的白色象形图（参见第1版）。画面中的象形图和圆都是基本的图形对象。还有更复杂的例子，比如说地图，在几个层面上存在着多个子对象。图形对象的图形表示形式被解释为是一种"嵌套"现象，以适应该想法的递归本质，在递归"句法分解"中强调对象与空间之间的关系，以及对象与对象间的关系（2002：14-15）。总之，图形对象的形式是：

- 一个基本的图形对象，或
- 一个复合图形对象，包括：
  —— 一个它所占据的图形空间，以及
  —— 包含在图形空间中的一组图形对象，以及
  —— 涉及这些图形对象的一组图形关系

在每个层级上，图形以"视觉属性"为特征，例如大小、形状或颜色。根据凯佩斯（Kepes）（1944）和贝尔廷（Bertin）[（1967）1983]的著作，冯·恩格尔哈特提出"视觉属性是视觉上可感知的图形对象属性"（2002：25），为方便起见，本节将它们划分为空间属性（方向、阴影、大小、平面）和区域填充属性（价值、纹理、颜色），并提供了这些属性的详细说明。

这些结构层面被解释为综合框架的一部分，该框架还包括符号学层面和图形表示的分类，重点放在静态图形语言或"模式"。冯·恩格尔哈特的重点是图形表示，如"古代地图和埃及象形文字"，也包含谱系图、图形统计图表和现代3D计算机可视化，并引导我们找到一个有效的定义："图形表示是在或多或少平面上的可见人工制品，是为了表达信息而创建的"（2002：2）。这是有目的的，但这对我们的期望来说太狭隘了，因为我们也强调三个层面。例如，冯·恩格尔哈特认为分子的真实模型不是一种图形表示，而是一种绘图。但是我们将图形表示和绘图两者都包括在内。他的观点中对"信息"也有限制，而我们将其视为图形表

示的六个功能之一（在第6章中概述）。此外，上面列出的视觉属性忽略了线条作为图形表示的最基本方面的重要性。我们期待着对视觉语言进行更有表现力或艺术性的分析，以确定环境中的线条、形状、色调、颜色、纹理、形式、尺度、空间和光线的主要视觉元素（Cohen和Anderson，2006：9-12）。为方便起见，在不同程度上，我们将前六个属性视为图形对象的固有属性或内容，而尺度、空间和光将被视为外部因素，因为它们是更依赖语境中的关系量化存在。

## 总结

本章揭示了城市思想家在对交通基础设施以外的交流形式进行分类时遇到的困难。它侧重于对交流的另一种解释和另一组难以命名和界定的对象。以如何研究城市为重点，通过采用图形设计立场，引入了一个局部视角来构建一种思考城市的新方式。

由于所代表的主题种类繁多，艺术设计视角很难界定城市的物理特征，这些主题可能会与时尚、电影和美术一样多样化。因此，我们要探讨的是如何从设计理论的角度以及对系统论的关注出发，形成视角，从而为城市局部系统的研究提供视觉设计的选择性出发点。因此，视觉设计，一个与艺术设计密切相关的主题，已被采纳为一种立场，用于研究迄今为止被忽视的一系列城市设施。

虽然视觉设计作为一门不成熟的学科而不易被定义，但它已被引入了与城市公共空间直接相关的活动，并通过其象征性的空间能力为世界的易识性作出了重要贡献。这也是视觉设计和视觉设计理论与地理学的学科关注点的相关之处，比如它对空间的关注，以及如何通过图形学来实现这一点，等等。很明显，我们有机会探索设计和社会科学如何结合起来发展出来一种城市图像化的感觉，这关系到城市图像化传播的构思、规划和制作及其在城市环境中的流畅性。在城市设计中加入图形作为前置修饰语的"城市图形对象"一词，一直被作为一种将研究框架化为一种普遍现象的方法而被人们所忽视。

视觉设计在广泛的范围内被认为是通过正式和非正式的信息与城市公共空间相联系的，但是，对视觉设计的诠释并不是一成不变的，它们总是暗示着一种与渴望全面发展的视觉交流形式相关的合作活动。它结合了排版、插图和摄影等专业活动，但又与众不同，它既有活力，又有组织性。大量的定义和描述会随着新兴的应用程序和差异性视角而改变，但随着时间的推移，我们似乎离德维金斯对视觉设计的定义越来越远，表现为对艺术性的渴望也越来越少。我们将在后面的第3章再次讨论这一点。

当视觉设计被解释为空间实践，并与图形学及其对传达空间信息的关注相结合，这种新视角为城市图形学探索视觉设计与城市公共空间之间的关系提供了一个框架，也为城市系统提供了独特的局部设计视角。第3章将从跨学科的视角出发，确立构建城市图形对象的立场，从而审视历史上的城市图形对象，并以此来定义城市，同时侧重于举例说明持久性、范围、规模和空间。

# 3
# 历史

"对象是任何可以指示的东西，任何指向或引用的东西……"

布鲁默（BLUMER），1969：10

## 简介

第2章确定了一系列令人困惑的城市物体，以及如何通过视觉设计更好地将这些物体集中起来。本章发展了这一主题，但更仔细地研究了城市发展文脉以及历史是如何描述这些现象的。它将以两个相隔两千年的例子为特色，阐述了罗马碑文和展现了永恒感的20世纪字体设计的统一诉求，试图通过美学思考将二者联系起来。此外，本章还回顾了第二次世界大战以来人们对这一主题的兴趣是如何演变的，揭示了与城市变化的速度相比，这些方面是多么的不充分。目的是澄清历史的关注范围，以便确定城市图形对象是如何对城市形象作出贡献的。但首先，我们扩展了城市设计师对城市对象的概念，以及解释了城市图形的对象是什么。

## 城市图形对象

将"图形"一词置于现有的短语"城市对象"的中间，就像在城市设计中所使用的那样，提供了用于增强城市设计的视觉维度的过滤器和镜头，它们可以对城市系统的艺术设计的理解做出更有意义的贡献，即艺术设计的城市系统。先暂时把城市这个词放在一边，以进一步专注于图形对象，因为除了第2章末尾所提出的，图形还暗示了一些生动的东西，比如想法、概念、情感和思想是如何被描写、描绘、书写和加工的。正如第1章所述，它可以定义为环境的沟通能力。"对象"这个词意味着具体的东西，但也可能是某个动作或感觉指向的东西（如第6章所讨论的）或是一种目的感。在整本书中，"对象"意味着物质的东西。

如果要充分利用带有前缀"城市"的词汇"图形对象"，需要对图形对象的含义进行抽象和字面的解释。例如在符号学中，罗马字母被认为是进化的抽象书写系统的一部分，它完全依赖于学习的意义。"人"这个词是"形象的"（抽象的）表示，而一个人的照片则是一种"标志性"（字面的）表示。这将在第6章的符号学中进行进一步的解释。

"城市图形对象"这一词汇在这里很受青睐，在上一章开头列出的城市思想家所使用的单词和短语都不足以对这些现象进行分类，因为它们各自代表着另一个局部视角，常常会产生模糊或简单的命名。它们也不是从艺术设计的角度出现的。尽管视觉设计从20世纪80年代早期就有了历史的发展，但视觉设计对城市环境的贡献程度还有待于充分探索。视觉设计的历史将很快被审视，以证明其对城市的影响，但是城市的性质需首先进行明晰，什么是城市设计也将进一步明晰。

## 什么是城市（设计）？

前面的部分通过解释图形和对象是如何组合在一起的，继而简要概述了什么是城市图形对象，本节将集中讨论该词汇的前面部分：城市。在此过程中，我们将把城市与设计联系起来，更加准确地定义城市设计是什么，从而更加充分地理解视觉设计与城市设计之间的联系，以提供一种重要的文脉。

从视觉设计的角度审视城市形态首先需要明晰城市的含义。城市这个词没有简单的定义，从本质上讲，它代表了城镇的特点。因此，"city"这个词可与拉丁语"urbs/urbis"，"oppidum"（城镇）或"oppidulum"（小城镇）互换。单词"城市"的起源是在希腊语词根"polis"中，比如"大都市"（metropolis）这个词，意思是母亲（mētēr）城市（polis）。单词"city"（城市）和"town"（城镇）都与拉丁语"urbanus"（城市）与"oppidanus"（省级）直接相关。简单地说，城市是一个大城镇，要比一个村庄还要大。因此，单词"downtown"（市中心）是指城市中最古老的部分，很可能是商业和购物设施集中的地方。在英国，传统意义上一个城市需要一座合格的独立的大教堂，但是现在情况不同了。因此，研究城市环境要从历史和现代的角度来看待和考虑城镇的存在。这不仅包括城镇和城市之间的差异，还包括了从农村到城市的连续统一体，这种统一体的定义同样不明确，因为它常常忽略了容纳郊区的需要。

近一万年以来，人类生活在大小和复杂性各不相同的城乡环境中，其规模从最小的与世隔绝的地方，到现在由正式的和非正式的居住区组成的超大城市或者大都市，分布在由信息技术和通信系统连接起来的巨大的城市领土上。除此之外，我们现在还拥有所谓的"大都市圈"，如圣里约大都市圈就将圣保罗和里约热内卢结合起来，是世界的经济强大的驱动力之一（Leite，2013：198）。人们普遍认为，人类定居的最初发生是游牧族群通过驯养动物和种植谷类作物，将游牧生活方式转变为另外一种更稳定的以社区为基础的专业化生存方式，从而进化成定居的农业族群。但是，在美索不达米亚、印度、埃及、中国、中美洲和秘鲁出现的城市孤立和分散的情况说明除了粮食过剩之外的其他因素也起了作用。

位于农村和城市之间的连续统一体中，已知的至少有8种居住类型，不能将一种定居类型与另一种定居类型进行截然的分类，从物理或者社会角度来看，城乡统一体是一个极端意义上的乡村生活和另一个极端城市生活以下两者之间的分界线：如图3.1所示（Waugh，2000：388）。人们似乎最普遍的理解是，从农村到城市的转型是因为城镇的规模从小到大，另外一些著名的城市思想家对城镇的重视也加强了城镇的重要性（Burke，1976，Cullen，1971，Rykwert，1988）。

从人口数量上来说，英国政府建议英格兰和威尔士的乡村地区应该被定义为大于1500人少于10000人的定居点，这是组成城市地区的最小的聚落（Anon，2004）。此后，政府统计服务机构将英格兰的乡村与城市分类修订为6种乡村和4种城市定居环境类型（图3.2）。这符合城市人口被定义超过10000人的定义，而乡村地区被定义为人口更少的或开放式的农村，可以分为以下几个类型：村庄和孤立的住宅、村庄、小镇和边缘城市和小镇、小集合都市以及主要的大城市，这些类型有的人口稀少，有的人口众多。该计划是为2011年的人口普查而制定的，仅从统计数据上进行简单的划分是不够的，而且考虑到人口稀少的乡村和城市地区，人口密度分布也应该被考虑在内。该范围主要是为统计分析而制定，它可能涵盖了大面积的开放式乡村，但如果其大部分人口居住在城市定居点，那么它仍类属于城市类型。乡村是聚落形式和居住密度的议题，而不是经济功能或土地的特征或用途（Anon，2013）。

此外，"城市"的定义因国家而异。英国的官方定义是：人口密集地区（至少20公顷的建设用地）有10000人或者更多的人居住其中，而美国规定城市是聚居人口达2500人或以上，通常每平方英里（1平方英里约等于2.59平方千米。——编者注）应该有1000人或以上的人口密度。甚至有些地方只需要200名居民（格陵兰岛、冰岛、挪威），而马尔维纳斯群岛（福克兰群岛）仅仅将城市定义为斯坦利镇！因此，直接比较城市区域是困难的，因为这些区域可能会由行政、政治、人口规模或密度、经济或街道、照明或污水系统的质量所决定（Aslam和Szczuka，2012：10）。

在全球范围内考虑，城市环境可以是从小村庄到大都市的任何环境，城市图形对象扩展到整个规模的聚落类型，可能是房子的数量，也可能是一个偏远地区的小别墅的名字，或者

**图3.1 城乡聚落类型之间的连续统一体**

用这一方法来命名不同的聚落类型，意味着乡村在城镇的规模上变成了城市，但没有国际公认的方法来确定一个类型转换成为另一个类型的节点。

乡村：独立住宅　小村庄　村庄　小集镇　大集镇

城市：城市　大都市　特大都市

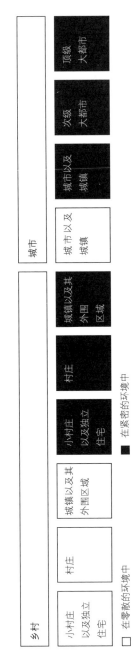

□ 在零散的环境中　　■ 在紧密的环境中

**图3.2 英国人口普查关于人口输出区域的城乡分类**

最近对城乡关系的界定更加细致入微，并考虑到人口的密度。

乡村：小村庄以及独立住宅　村庄　城镇以及外围区域　小村庄以及独立住宅　村庄　城镇以及外围区域

城市：城市以及城镇　城市以及城镇　次级大都市　顶级大都市

是在一个大城市里更为复杂的邮政编码系统。这表明，如果图形对象是城市设计的行为，那么思考范围中包括了所有定居类型的就显得非常重要。

在争论城市系统的视觉设计视角时，非常显著的一点是视觉设计与城市系统的相遇是通过设计，或者说是更为具体的城市设计。本书的目标之一就是确立视觉设计作为城市设计的理念。但是当城市的定义如此不精确时，城市设计又是什么呢？这是一个更复杂的问题，但可以通过查看一些基本定义来解答，并尝试了解这些定义与我们这个目的之间的关系。

朗（1994：ix）认为，城市设计"虽然是一项长期存在的活动，同时也是一个相对较新的概念……它关心人类住区及其组成部分的四维物理布局设计"。此外，它还是一门"艺术"，朗引用了克拉伦斯·斯坦（Clarence Stein）1955年对城市设计的描述，城市设计是"一种关于联系的艺术：建筑与建筑之间以及建筑与自然环境之间的联系，以服务于当代生活，这种联系随着时间的推移而增强"。他接着说，"这是一种将一组专业问题与其他问题联系起来的艺术"（这正是本书的写作意图）。此外一个更简单的解释是"你可以看到窗外的一切"（Carmona et al., 2010：4，引用Tibbalds, 1988a），这就提供了一个开放性的邀请，即把所有的东西都称为城市设计，也包括了图形对象。原文是：

> ……城市设计应该被理解为不同建筑之间的关系；建筑物与街道、广场、公园和水道以及构成公共领域的其他空间之间的关系，公有领域本身的性质和质量；村庄、城镇或城市的一部分与其他部分的关系；以及由此建立起来的运作和活动的模式：简而言之，就是建筑空间和非建筑空间之间的复杂关系。
>
> 英国建筑与建成环境委员会（CABE2001：18），引用规划政策指导说明1

最后一句话显然是包罗万象的，但对我们的关切来说至关重要的是，它强调了城市环境的不同部分是如何相互关联的以及运作和活动的模式，图形对象明显地对此有所帮助。此外，城市设计是"为人们创造更好的场所的过程"（Carmona et al., 2010：3，原始斜体），这个阐释强调的是其远大的抱负，其范围显然是广泛的，但其核心是对知识、理解和技能的关系以及对于整合的关注。结构和物体暗示着物质实体的对象，所有元素都包含在其中，而运作和活动则表示人类的行为。显然，这些描述具有足够的灵活性，可以与视觉设计建立牢固的联系，并将视觉设计直接视为城市设计。但在城市设计范围内，这种关系应该在哪些方面得到最好的理解呢？我们期待这种情况可以以不同的方式发生，而且受益者众多。

视觉设计通过经济、社会和环境效益为城市环境增加价值。例如，它可以通过相对较低的成本提高、发展竞争力来促进经济繁荣，促进城市再生和地方推广，以及通过提高其声望来展示区域特色［广场剧院区的案例和纽约时代广场的案例研究，参见旧金山的吉尔德利（Ghirardelli）］。此外，还有社会和环境的未来效益，视觉设计的角色在创建良好连接中的作用，包容性和可访问的地方，对当地环境的敏感性，对安全和保障的坚持，提升公民形象以及振兴城市遗产等［案例研究见约翰斯顿（Johnston）研究中的"地下"字体、东京的新宿区、威斯敏斯特市的街道铭牌、伦敦和里斯本的装饰（统一）］。相关的几个受益者包括投资者、开发商、设计师、居住人、普通用户和整个社会以及政府当局［英国建筑与建筑环境委员会（CABE），2001：9］。

具体的例子包括街道标志对一个地区的地方魅力和特色的显著贡献，以及历史悠久的街道设施，包括纪念碑、牌匾和纪念物、井然有序的交通标志和信号、设计合理的护柱；当然也包括作为建筑的一部分的标志、极具历史感的电话亭和邮筒；以及符合目的、耐用性、低维护和适合环境的新设计（Davies和Wagner，2000）。其中最重要的是确定我们居住的地方，比如街道标志，可以从设计的局部变化中获益，用于增加丰富性的材料和刻字呈现出了各种各样的街景。在某些情况下，保留和恢复旧标志可以增强历史的连续性。附图是一系列对当地环境表达反应敏锐的标志，请参见图3.3。这是一个设计细节，但适当的标志是街道设计的重要内容（CABE，2002：30-31）。

因为城市设计是一个非常广泛的领域，它关注的是如何提高人们对场所的创造能力，它的各种整合语境、维度、实施和交付机制已经表明，其中的有些方面比其他方面更适合作为城市设计来集中讨论视觉设计。城市设计的设计语境包含许多包罗万象的条件，包括本地、全球、市场和监管因素在内的所有条件，反过来，这些也影响了城市设计原则和实践。卡莫纳（Carmona）等人（2003）详细解释了这些概念，并将其以"形态""知觉""社会""视觉""功能"和"时间"为表象，构建了城市设计的定义维度。

无论是在自动售货机（全球）侧面的可口可乐标识，还是在古罗马（当地）的城墙上刻字，抑或是一个发光的西洋景招牌（市场），还是停车限制标志（监管），区域、全球、市场和监管事宜在确定城市图形对象的本质方面发挥着重要作用。另外城市设计的定义维度同样囊括了图形对象，这些维度可以简要地进行如下解释：他们的定义引发了关于视觉设计如何嵌入城市设计的建议，此外，括号中还附有一份字体被重点标出的澄清声明：

形态维度：关注的是随着时间的推移，聚落的物理形态和形状所产生的变化，也涉及城市形式和形状的配置以及支持它的基础设施的空间模式。（从这种意义上讲，基础设

图3.3 增加当地魅力和特色的街道标志（西班牙巴伦西亚，2014；法国巴黎，2015；美国旧金山，2013；意大利罗马，2009；瑞典于默奥，2014；英国伦敦，2015；英国巴斯，2010；美国旧金山，2013；意大利隆加诺，2009；英国利兹，2014）。街道的名称可以使用不同的字体、材料和应用，其在各种各样的设计中被展示出来，从而在不同规模的聚落类型中标识了街道。

施更多地与土地利用、建筑结构、地块模式、街道模式、网格、建筑物和空间进行相互定义，并与道路层次和空间利用等相关。城市图形对象定义了道路的层级，其反映在路牌的颜色编码中。）

**感知维度**：关注建筑环境中的环境意象、象征和意义以及场所感、场所意象和场所身份。[这个维度的大部分是相关的，特别是林奇的城市形象是一个有争议的想法。城市图形对象的特点，作者将会说明林奇的五个城市元素中其中的四个：人行横道、躺椅、街道铭牌和零售面板，而唯一省略的是地标。]

**社会维度**：关于社会和空间，它被框定为人与环境的关系以及人的行为与物质环境是如何相互影响的。[对于公共生活和符合人类需要的公共领域的强调，使得这个维度更加依赖于图形元素，在这个维度意义上，城市图形对象由管制标志或穿制服的警察组成。]

**视觉维度**：关注城市环境的视觉美学特征，以及从市民的设计向城市的设计转变，它的重点在于综合空间（体积）和视觉品质，以及内部的人工制品及其相互之间的关系。审美偏好、视觉美学品质，以及界定和占据城市空间的元素设计是三个主要的讨论点。[这个维度最符合本书的目的，因为它直接涉及立面、地面环境、街道设施和公共艺术。在东京等城市，城市图形对象主导了许多街道的外观。]

**功能维度**：关注场所如何运作，以及如何活动，关注"人性场所"、环境设计、更健康的环境和基础设施的发展。[人的生活是视觉设计的核心活动，城市图形对象对公众参与交通基础设施规划是至关重要的。]

**时间维度**：关于时间的第四维，使用的变化、连续性和稳定性以及新的项目和政策都是这个维度的考虑因素。[这个维度在任何关于城市图形对象的讨论中都是基本存在的。城市图形对象及时地确定了城市的地点和空间。]

卡莫纳（CARMONA）等，2010：77–266

城市图形对象渗透城市设计的所有六个维度，本书的其余部分将强调城市设计的视觉维度。第4章和第5章将通过探索凯文·林奇（图像性）和克里斯托弗·亚历山大（Christopher Alexander）（图案）在20世纪60年代首次提出的"熟悉的城市设计"的概念来展开。

我们已经确定，城市这个词的定义包含了城镇的重要性，这个词的起源也是如此。在本书中，我们主要关注的是城市而不是乡村，但是我们将从不同的聚落类型中抽取相应的例子，基于空间和时间的因素都有助于城市环境的发展，大多数城市曾经是较小的聚落，纵观历史，人类与他们的栖息地一直在相互作用，聚落的不断扩大，使我们了解这座城市的各个部分和观点的数量也在不断增加。然而，历史对图形传播在城市环境中所起到的作用和重要性所作的说明却很少，因此，下一节我们将重点回顾视觉设计与城市历史之间的关联。

## 视觉设计的城市历史

视觉设计在20世纪下半叶出现，还没有关注到城市发展，它的主要焦点集中在以图形表示的各种产品上，种类之多不胜枚举，比如从早期的书写系统开发到印刷品，到最近的数字媒体设计，不一而足。但其实早期文字系统的发展有一部分历史也是城市行政功能的产物，在早期历史学家对视觉设计的论述中就有所体现。在这一节中，我们将了解视觉设计历史学家们，尤其是朱贝尔特［Jubert，（2005）2006］、麦格斯（Meggs）和珀维斯（Purvis，2006）三位学者，他们是如何将视觉设计与文明之初的城市环境，以及视觉设计与最近的19世纪末和20世纪的城市环境进行了含蓄的区分，他们的观点是这两者之间并没有多少关联。

第2章将视觉设计作为一种表现形式以及理解和观察世界的方法进行了解释。这一立场在历史上被认为是最早的人类标识制作，据推测是二十万年前在非洲制作的（Meggs和Purvis，2006：4），之前有证据表明最早进行图画制作的物理环境是洞穴，这也是大约四万年前最明确的早期形式的图形交流形式。在法国发现的动物骨骼的抽象刻痕可以追溯到两万至三万年前，其中鹿角上雕刻的动物的文字可以追溯到一万五千年前。在大约五千年前写作系统演变之前，考古所发现的陶器上的象形文字、人类制作的各种标记、原始铭文和前历史标志代表了他们在"艺术、萨满教、纪念、交流、占卜、魔法、记忆术、神话学、神话艺术和装饰物，以及与来世、仪式和象征意义的关系"中的实践［Jubert，（2005）2006：18］。

除了人类发展自己的标记能力之外，他们还同时学会了如何解释标记。例如，地面上动物的爪印在地面上作为帮助狩猎的印记提供了生动的"图形标志"（Hollis，2001：7）。史前人类同时发展的技能既不是阅读和写作，也不是我们现在所说的"读写能力"（当时我们今天意义上的"写作"还并未被发明出来），而是与阅读和写作密切相关的解读和"做有意义标记"的能力。朱贝尔特［Jubert，（2005）2006：19］将其称为"艺术和视觉表达"，其形式为"壁画、素描、刻痕、切口或者是雕塑"，这些内容类似于之前在第2章中讨论的"图形化"。直到今天，视觉设计仍然深受这些早期人类活动的影响。

我们在这里强调的图形设计和城市设计之间最早的联系可以追溯到文字系统的发展，同一时期城市在公元前3200年左右依据古代石壁画和象形文字的形式出现在美索不达米亚和埃及。随着城市成为一个生产过剩、需要管理的定居单位，人们推测文字在这个从野蛮走向文明的过程中发挥了重要作用。在这些城市中，写作是"会计"工作的一部分，例如以象形文字记录绵羊和奶牛的数量，所使用的排版形式是使用水平和垂直的网格有秩序地排列。我们不会在这里赘述从埃及、美索不达米亚和印度河谷地区出现的书写系统的发展，因为其他学者对此有很好的记载，但重要的是写作在19世纪的某个时候嵌入城市结构的方式，以及用于美索不达米亚的压印地基砖的形式（Lower Mesopotamia）[Jubert，（2005）2006：21]。从这一区域开始，这个早期城市成了一种象形地，即城市现象演变的中心位置。不同程度持久性的物体与城市肌理相结合，虽然并非所有公民都能够解读新兴复杂的综合视觉语言形式，但公共场所开始发挥信息展示空间的功能。例如，在美索不达米亚城市的公共场所，法律和惩罚等官方信息刻在了被称为"石碑"的人类开采、加工过的厚重石头上，其中最著名的是巴比伦的"汉谟拉比法典"，它雕刻于公元前1792年至公元前1750年之间，雕刻有国王汉谟拉比和太阳神沙玛什，雕像下面即是文字。

视觉设计历史学家以这样的对象为研究特色，但他们正确地关注着这些不确定的、被称为文字和图片的对象的发展，它们是作为一个整体的组合而存在，抑或是独立的存在。早在公元前4000年的早期苏美尔人的布劳（Blau）纪念碑（Meggs和Purvis，2006：8）中，人类第一次在同一平面内将"文字和图片"联合使用。早期的多语言交流强调在同一块石碑表面并置不同的书写系统，例如罗塞塔石碑（Rosetta Stone），它大约出现在公元前197年至公元前196年之间，它清晰地区分了古埃及象形文字、古埃及通俗文字和希腊铭文。就像罗塞塔石碑（Rosetta Stone）的情况一样，现在的人们往往不清楚哪些石碑是供公众或私人使用的，哪些是在建筑物外部或内部展示的。

滚筒印章这种特殊的对象因其多种用途被强调，不只是因为它长达三千年的使用期，也由于它将图像和身份结合，传达了一种身份识别以及警示的信息（Meggs和Purvis，2006：9-10）。当滚筒印章在潮湿的黏土板上滚动时，就可以对图形实现复制，并具有高质量的辨识度。它还经常被佩戴在脖子或手腕上，它的意义在于，它不仅是一种身份的标志，还可以利用封条在居住者外出时用来密封房门，从而阻止潜在的窃贼（封条破损表明有人闯入）。

以上这些来自城市发展初期的例子展示了不同形式的城市铭文。但是，当视觉设计历史学家将注意力转向纸莎草和羊皮纸，随之转向字母表、中国书法、手抄本、印刷术和中世纪的发展时，他们反而忽略了寺庙建筑中的财产标记、埃及方尖碑、浮雕和结构。而另外一些在字母、象形文字和象形文字领域进行专门研究的学者则采取了一种更为广泛的方法，他们的研究提示我们注意到了建筑中的象形文字是如何由中美洲的古玛雅人发展起来的。

公元前六世纪，在希腊罗马时期，美索不达米亚文明在波斯人的影响下发生了变化，然后是希腊罗马统治时期，视觉设计历史学家对这一时期城市图形对象的研究兴趣在减弱，只有朱贝尔特（Jubert）在他的研究中参考了希腊、罗马的公共铭文。这一时期的铭文除了直接涂在建筑物的墙壁上之外，还出现在了旋转木面板上，比如轴索上，它常用于官方声明、宣传广告、公共游戏和体育赛事。这些延续到了罗马帝国的没落时期，记载着有关"法律或条例、政治信息、选举"海报"、文化活动节目（节日，马戏团等）的信息，以及各种人群的信息（例如，呼吁抓获逃跑的奴隶，或为出售马匹做广告）"（Jubert，[2005]2006：24）。

庞贝城保存了许多这一时期的证据，人们经常会引用庞贝城现存的一千六百多处墙体文字作为例证，比如在街道建筑物上的手绘文字，通常以红色表示强调，这些内容既复杂又粗糙。见图3.4。

在此之后，直到20世纪视觉设计史学家才再次提到了城市界面。朱贝尔特的研究包含了从公元前79年之前的庞贝选举海报到中世纪的手写书籍，如大约公元800年中世纪早期印刷的《凯尔经》（*The Book of Kells*），中国早期的印刷品，以及大约在同一时间，公元1200年至1500年在欧洲印刷的手稿，为公元1452～1455年间印刷古滕贝格（Guttenberg）42行《圣经》所做的前期准备。活版印刷术和印刷在随后的分析中开始占据主导地位，直到公元1909年，现代主义在AEG涡轮工厂的建筑立面上以刻字和标识的形式确立了自己的地位。同一时期开始，从伦敦地铁的视觉识别到后来的海报和地图的开发，城市中的视觉设计都得到了突出强调，但直到1970年至1971年的巴黎的夏尔·戴高乐机场（Roissy-Charles de Gaulle airport）的标牌设计，人们才发现在建筑环境中作为三维物理对象与界面相似的某种东西出现了，然后再对"适合机场功能和架构的字体"的字体设计进行了讨论（Jubert，[2005]2006：349）。这些标志与其他巴黎地铁的设计标志被一起展示出来。另外还有20世纪60年代早期的英国公路标志，遗憾的是在20世纪最后几十年，人们对它的兴趣才浮出水面。随后，朱贝尔特集中讨论了在交通基础设施标识中所使用字体样式的例子，比如采用灯箱字体进行的建筑立面修复，1988至1989年荷兰邮局新招牌的环保应用，以及从1984年开始在巴塞罗那的自行车赛车场上琼·布罗萨（Joan Brossa）（1909—1999）的"三部曲之移动的视觉诗"设计项目。但是这些设计暂时还没有尝试从构建建筑环境的角度将这些内容置于环境之中进行审视和研究。

朱贝尔特的研究中有一张拍摄于1903年的罕见照片，可以让我们一窥巴黎地铁站的新艺术风格入口，以及1900年同一方案的正视图，但这些图像的应用范围仅限于海报、小册子封面和书籍装帧等印刷品，以及在正文中的避险逃生信息[（2005）2006：115]。此外，1925年

图3.4　庞贝的壁画（意大利庞贝，2010年）

现存的三种用手写体进行墙壁书写文字的例子，也以信息和宣传为目的，写在木制的嵌板上。

鹿特丹的德尤尼咖啡馆（De Unie café）的色彩方案和布局，显示了风格派的风格但没有进一步的阐释（［2005］2006：190），比如讨论赫伯特·拜尔（Herbert Bayer）设计了一个有照明的"P"形标志的香烟亭，这个建筑作为对包豪斯建筑更广泛讨论的一部分（［2005］2006：202）。拜尔在这一领域的作品，被麦格斯（Meggs）和珀维斯（Purvis）作为特色运用在自己的设计作品中（2006：316），比如一个有轨电车车站的设计，以及结合乘客等候区的报刊亭和有屋顶广告牌的报刊亭的设计项目中。

相比之下，在麦格斯和普维斯强调了图拉真纪功柱和庞贝的墙壁涂鸦后，直到在AEG公司和伦敦地铁公司（London Underground）推出相似的案例之前，没有任何相关的城市视觉设计值得他们关注，以及当时语境下被称为企业设计的各自公司标志。德尤尼咖啡馆（Café De Unie）的设计是建筑和图形形式的和谐统一，1968年墨西哥奥运会的宣传牌以及1984年洛杉矶奥运会的宣传牌也展示了街道公共设施与环境标志之间的融合。

在这些关于视觉设计历史的重要研究中，城市环境几乎不被认为是视觉设计的语境。然而，历史存在于视觉设计工作的列表中。例如，像彼得·贝伦斯（Peter Behrens）（1868—1940）和爱德华·约翰斯顿（Edward Johnston）（1872—1944）这样有影响力的设计师被认为是追随了古希腊和古罗马的艺术设计的先哲。以德国的AEG为例，贝伦斯理解了"需要实现整体各部分统一的和谐与比例的形式语言"，这一点在他的字体设计中借鉴罗马题词刻字比例的基础上明确地进行了相关表达（Meggs和Purvis，2006：233-43）。具体来说，在"贝伦斯-古风字体"（the Behrens-Antiqua font）的设计中，他努力争取"一个可以唤起质量和性能的积极内涵的纪念碑式的形象"。在对贝伦斯公司的设计方案进行的说明中，麦格斯和珀维斯展示了字体在店面中的应用，并从规模上与朱贝尔特展示的涡轮大厅（Turbine Hall）的例子进行了对比。在两位学者列举的伦敦地铁的例子中，麦格斯和珀维斯向约翰斯顿（Johnston）的车站标志和当时伦敦电气铁路公司（UERL）的标志致敬，包括他的受古典罗马铭文比例影响的新的无衬线字体。在设计地下铁路的无衬线字体时，总是被称为"约翰斯顿铁路风格"（Meggs和Purvis，2006：242），"地铁，约翰斯顿，约翰斯顿地铁、铁路类型，或是铁路"（Jubert，［2005］2006：234）或"地下铁路"（Lussu，2001：100），约翰斯顿曾经在简介中声称，该字体结合了"始于之前时代的独特字母所显示的大胆简约，同时却具有无可争议的20世纪品质"（Meggs和Purvis，2006：243）。约翰斯顿在大约十年前的著作《书写、照明与字体》(Writting & Illuminating & Lettering)（［1906］1977：232-300）中详述了罗马方形大写字母的知识来实现这一点，我们将很快进一步讨论这个问题。

总而言之，视觉设计的城市历史重视书写的发展，并作为古城文化发育的一部分，但

"图形—城市界面"后来被忽略了两千多年，仅有少数的几个例子是应用视觉设计来发展交通基础设施和企业形象。然而，正如第1章所述，视觉设计是城市结构的一部分，但在视觉设计的城市历史中，对于这意味着什么，它为何重要以及如何发生，却没有足够的解释。下面的案例研究显示了字体设计中的一些基本原则是如何在数百年的历史中流传下来的，并如何深深地印在我们的脑海中的。

## 罗马图拉真纪功柱

图拉真广场是罗马帝国最重要的文化、商业和交流中心之一，广场上的纪念图拉真皇帝及其军队的成就的巨型纪功柱展示了无处不在的军事图像的使用。图拉真生于公元53年，从公元98年开始执政，直到公元前117年去世。该广场由大马士革的军事工程师和建筑师阿波罗多罗斯（Apollodorus）在公元前106年至公元13年之间计划和建造，该广场通过一个拱门进入东南部的市场，其中矗立着图拉真（Trajan）的骑马雕像。在市场的另一边是法院会堂（Basilica Ulpia law court），它沿轴向横跨了建筑群的整个宽度。就像美索不达米亚的公共广场一样，该广场提供了一个发布新法律的地方。此外，院子中图拉真纪功柱的东北侧是乌尔皮亚双洛蒂卡（Biblotheca Ulpia）希腊图书馆，西南侧是拉丁图书馆。与之相对的是公元128年由哈德良（Hadrian）建成的图拉真神庙，它占据了广场西北的边缘区域。

该纪功柱是广场中保存最好的建筑，几个世纪以来一直伫立，不幸的是在公元801年的地震中被摧毁。在立柱底座中，除了纪念战利品之外还有一个小型墓室，其中存放了图拉真的骨灰。纪功柱最广为人知的是它那从底部到顶端螺旋形的雕饰，这是一系列非常精细的浮雕形象，描绘了达契安（Dacian）两次战争的历史。画面由一个200米的螺旋形条带构成，高度在77厘米到145厘米之间，它是一个连续不断的画卷，装饰在圆柱表面，叙述着图拉真的丰功伟绩。柱顶原本是皇帝的铜像，整个立柱高35.07米，由29块卢纳（Luna）大理石建造而成，内部由185级台阶盘旋而上，可以到达一个可容纳12人的方形阳台（参见图版2）。

这个圆柱作为一个独立的纪念碑被参观时，提出了如何充分欣赏这种精细的浮雕雕刻图像的相关问题。如何解读圆柱，为建筑环境的理解提供了答案。在一个长25米、宽18米的庭院中，圆柱被三面的柱廊和大教堂第四面的墙围绕，古建筑重修计划支持将柱廊的三面都做成平顶，在大教堂一侧形成一个观景台，可以提供第四种视角（Coulston，1988：13-14）。据推测，在位于11米门廊的8米高处以45°的角度俯瞰，或距离相邻的会堂的13米高处，都可以看到纪功柱的顶部。楣距离地面9米高的地方，从庭院70度的角度可以看到螺旋浮雕的上半部。也有人建议，公众观赏的角度应该由规划人员和雕塑家为特定的观众进行专业的设计，否则除了站在广场上，观众只有在西北侧能够看到纪功柱。然而，广场（和图拉真纪念堂）的确切布局在不同的广场综合体的规划设计中有所不同，就像广场的总体规划一样，有的把入口拱门作为弯曲立面的一部分，有的则是直角转折的立面。

图拉真纪功柱不仅以其螺旋形的雕饰闻名，如前所述，它也因位于柱基座的入口门上方的不朽的铭文而备受赞誉。由于脚手架覆盖在基座上，在建造次序上，基座在雕刻浮雕饰带完工之后完成，在公元113年，碑文的内容专门撰写，用于纪念碑，但在内容方面并没有与上面的楣冠有直接的逻辑关系。

爱德华·约翰斯顿对铭文（图3.5）的分析证实了石头的尺寸（3英尺9英寸高，9英尺和0.75英寸宽）①，周围边界（4英寸），那些字母（近似高度：前两行是4.5英寸高，第三行第四行都是4.375英寸高，第五行4.125英寸高，最后一行是3.875英寸高），行间距则从上面的3英寸减到2.75英寸[（1906）1977：371-73]。从上往下读时，铭文字体会变小，约翰斯顿给出的三个可能的原因各不相同：铭文的顶部远离读者，因此应该更大，大标题更具建筑美感，为了重点强调，铭文的开头往往更大。虽然铭文不包括H、J、K、U、W、Y和Z，但约翰斯顿[（1906）1977：233]将罗马字母宽度的比例分为宽的或窄的两种。宽的字母要么是"圆形"[O Q C G D]，要么是"方形"[M W H（U）A N V T（Z）]（虽然都不是完全正方形，有些其实稍微窄一些），而窄字母（B E F R S Y（X）I J K L P）则更墨守成规一些，（这里把"X"看成一个窄字母）。约翰逊的这种分析不自觉地将铭文视为图形空间中的一个复合图形对象，其中将字母作为图形对象的子集，每个字形被分成几组。最近对罗马字体的分析，基于图拉真纪功柱铭文的拓片和线条图，与罗马为纪念自由之子庞培而在亚庇古道上刻的罗马碑文（可追溯到公元前1世纪或公元前2世纪）进行了比较。比较揭示了埃及人和希腊人在建筑和艺术品设计中使用了基于神圣几何的比例系统，这个比例系统为罗马作为首都提供了基本的比例结构（Perkins，2000：35-51）。

建议是，对于如同图拉真纪功柱一样重要的铭文，在铭文用雕刻程序进行制作之前，会有一个初步手书的过程，以指引后续的碑文雕刻。"大多数伟大的纪念性碑文都是由一位大师级作家在现场设计的，只是由石匠雕刻而成，雕刻只是一种固定，这个过程表明展示和雕刻铭文的目的必须依赖于绘画来实现"[Lethaby，（1906）1977：xiii]。由于手写的不完美，并非所有的图拉真铭文字母都完全符合几何框架，但是把字母按照不同比例进行排列的方法，

---

① 1英寸约等于2.54厘米，1英尺约等于30.48厘米。——译者注

图3.5 罗马图拉真纪功柱底座上的铭文（维多利亚和阿尔伯特博物馆收藏，英国伦敦，2014年）

从3米开外的地方看，字母大小按降序排列的规律清晰可见。

为碑文出现以上的比例变化提供了一个合理的解释，它遵循在印度、中国、信仰伊斯兰教的国家和其他传统文明中发现的庄严的传统（Perkins，2000：36）。图3.6显示了罗马大写字母的比例如何与帕金斯（Perkins）（2000：35）所解释的"根五"矩形比例以及源自黄金分割比例的黄金矩形保持一致。

两千年以来，纪功柱铭文为罗马帝国的城市铭文和公众告示上的字体提供了风格上的强有力的规范。它的相关性是显而易见的，约翰斯顿的地下铁路无衬线字体中的字母O是圆形的，其外轮廓适合于方形，字母M、Q和X以及"瘦长的、双正方形"的E也是如此，尽管它并不像"根五矩形"那么窄。字体的几何结构复制了一种实践，建立起了一种美学的和清晰的标准，并且对应了未来的字体设计，成为一种参照和对比。

罗马字母是我们字母表的基础……自从大约2000年前，它们不朽的形式得到全面发展以来，罗马的大写字母在可读性和美观性上占据了至高无上的地位。

> 它们是最伟大的、最重要的和最佳的铭文形式，一般来说在选择字体方面，记住一个规则就是：如果拿不定主意，就用罗马字母。
>
> 约翰斯顿（JOHNSTON）[1906] 1977：232，原始斜体

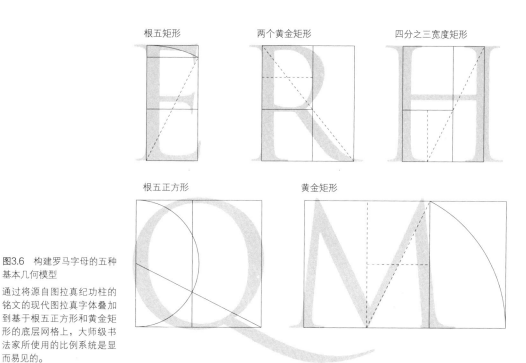

根五矩形　　　　　　　两个黄金矩形　　　　　　四分之三宽度矩形

根五正方形　　　　　　黄金矩形

图3.6 构建罗马字母的五种
基本几何模型
通过将源自图拉真纪功柱的
铭文的现代图拉真字体叠加
到基于根五正方形和黄金矩
形的底层网格上，大师级书
法家所使用的比例系统是显
而易见的。

　　图拉真纪功柱的铭文明显影响了19世纪晚期的字体设计，尽管在1916年至1917年首次使用，但约翰斯顿的地下铁路无衬线字体以及后来由埃里克·吉尔（Eric Gill）设计的吉尔无衬线字体（Gill Sans）是两个典型的例子。最近，其更新和数字化形式被称为伦敦交通局新约翰斯顿字体（New Johnston TfL），继续被伦敦交通局使用，它的多样性和与伦敦的联系延伸到伦敦2012年奥运会的道路导视标志（Lucas，2013：26-8）。然而，最著名的是纪功柱上从底部到顶部环绕立柱的螺旋形饰带，却一直被视觉设计史学家所忽视。这个历史遗存显然是一个奇观，具有重大的历史意义。作为罗马纪念碑和艺术品中被描写的最多的一个浮雕饰带，可以说它的图像志价值比任何文字证据都更能生动地描述罗马皇帝统治时期的历史（Coulston，1988：2）。

## 约翰斯顿的"地铁"字体

　　20世纪初，弗兰克·皮克（Frank Pick）——伦敦电力铁路公司（现伦敦地铁）的商业经理，开始思考如何通过视觉识别来统一地铁网络的各个不同部分，他的第一直觉是已经在车站站台的书摊上使用的经典图拉真字体。由此，他反而选择了对比鲜明的字体，并委托爱德华·约翰斯顿于1916年设计了一种人文主义的无衬线字体，这种字体在一个世纪后仍在使用，适用于所有标识、地图和宣传材料。从火车、公共汽车到自行车，它一直是伦敦所有交通图形交流的标准字体，于1979年推出了用于照相排版的新版本，于2002年又推出了数字化版本 [ 两者修改的设计师是河野英一（Eiichi Kono），修改后的字体命名为新约翰斯顿（New Johnston）字体 ]。

这种印刷字体的特征源于简单的几何形状，一致的笔画粗细和古怪的细节来自约翰斯顿的专业书法知识。这一点在最初的草书小字字母"i"和"j"的菱形小圆点上表现得最为明显，而且最近在河野（Kono）的版本中将这一特点扩展到撇号和逗号上。最近它们被用于2012年奥运会的导示系统，这些微妙的细节是公众活动的品牌形象与伦敦更广泛的环境图形图像系统之间的一个小联系（参见图版3）。

更确切地说，约翰斯顿在1913年接受了委员会的委托，设计了一种清晰而有特色的字体。作为1916年至1929年建筑和设计统一时期的一部分设计内容，这很快在路网交通系统中得到实现。它首次公开出现在1917年的电车票价海报上，不久后就出现在了标识上，1933年，在亨利·贝克（Henry Beck）构思出这张线路图后不久，这个字体又被整合到伦敦地铁线路图中（或伦敦地铁地图）。从那以后，它一直是伦敦交通网络不可分割的一部分，因此它被称为是"伦敦的字体"，认可它对城市特征的贡献价值。据说，它是世界上最具标志性、最持久、最受欢迎的字体之一（Garfield，2010：114）。

伦敦城市景观中的这一细节在城市设计中相对而言没有被重视，然而它与当代城市设计的关系始终存在，例如，伦敦的朱比利线（Jubilee Line）延长地下铁路连接被定义为"插入式城市设计"的例子（Lang，2005：334-338），但同时字体设计却被忽略了。然而，作为伦敦综合环境信息系统的一部分，它是伦敦地铁的视觉统一标志和扩展图形元素合集的一部分，其中包含圆形标识、配色方案、象形图和完整的道路导示系统。

## 新兴的"环境信息系统"

自20世纪50年代以来，人们对建筑环境中"信息"的兴趣随着城市的发展而增加，但其发展速度却远没有达到与城市发展相当的程度。尽管如此，在20世纪40年代末，人们关注到在良好设计的幌子下，为公共交通系统提供明确信息的需求。在战后几年的英国，设计作为一种职业的出现，使我们更加关注到令人感兴趣的城市对象。例如，面向制造商和设计师的

《设计》（*Design*）月刊，在发行后不久就刊登了一篇关于"路标设计"的文章（Tomrley，1950）。这项工作当时是由工业部的总建筑师部门完成的，从宫殿到避难所，该部门负责对建筑物的外观标识进行管理。这篇文章是公众关注到公共标志字体标准的早期例子，并在剑桥市政厅引发了激烈的讨论，还有《剑桥每日新闻》（*Cambridge Daily News*）关于新的路牌外观的讨论，这导致了对无衬线大写字母的形状和间距的抗议。它不仅强调了提高碑文字体水平的必要性，而且还强调采用字母间距的系统路径，以方便由未经训练的人员实施，来提高标志在被斜方向观看时的易识性。

其他文章出现在1950年的《设计》杂志中的各种的整理和编号的摘要议题里。第19号议题讨论了特定的"作为持续的设计方针的一部分的凡字体（van）"。同年晚些时候，第21号议题包括一篇供暖工程师对粉刷设计进行标准化的文章、关于在承包商的招牌上印刷字体和刻字，以及一篇在《笔记》杂志上的小文章讨论了在中部地区的东北部商店和客栈的标志上应用埃及字体的例子。第22号议题的编者按也表扬了伦敦交通的标志，相关内容刊登在以下的杂志中：《运输世界》（*Transport World*）、《建筑师杂志》（*Architects Journal*）和《艺术与工业》（*Art & Industry*）等刊物上（1944年1月），还在《建筑师杂志》（1944年3月）和《艺术与工业》（1946年10月）等出版物上得到了好评。《设计》聚焦于伦敦地铁圆形标志和"BUS STOP"（公交车站）几个字组合在一起的设计，它位于十字形交通导示杆的中心，它被描述为"无框折叠的搪瓷铁板，安装在混凝土柱子上（末端有一个活泼的红色金属尖端），在面向对行道的一侧有一块面板上标有公交运行的时间表"（Anon，1950：32）。此外，在一篇文章《可读性或"建筑的适用性"？》（*Legibility or 'architectural appropriateness'?*）诺埃尔·卡林顿（Noel Carrington）（1951：27-9）对英国节日上使用埃及字体表示批评，并使用几个附图来证明标志招贴不够大、字体淹没在复杂背景中会使阅读速度变慢、关注字体的小规模应用，以及浮雕字体上的阴影问题。到1954年，编号69的议题引入了这样一个理念，即设计问题与字体的选择或字母的字符间距，被综合成一个关于街道标识设施的更广泛的讨论（Williams，1954）。文章开头如下：

> 参观英国的任何城市，任何城镇或村庄，你会发现街道标识设施糟糕设计和粗心摆放的证据。看看一些较大城市的主要街道，你也会看到乱七八糟的东西。这些毫无计划的自发状态甚至超过了快速发展的公路运输和其他的交流形式，导致在形状、尺寸、风格和颜色方面剧烈的相互冲突，其中大部分都破坏了主要的视觉对象，导致道路使用者和行人的困惑。

出处同前：15-16

文章讨论了多种物体，包括"街道照明""交通标志""街道铭牌和编号""邮柱—邮箱""信号""护栏""电话和警察岗亭""导向标""电气传动杆""护栏""座椅""垃圾筐和垃圾箱"以及"火警招贴"。

自从认识到视觉设计是城市环境中一种特定类型的设计以来，人们对建筑环境的图形元素产生了断断续续的兴趣。这可以在一系列以字体为核心的陆续出版的书籍中得到证明，其中第一个是《建筑理论中的字体》（*Lettering on Buildings*）（Gray，1960），其次是《建筑设计中的字体》（*Lettering in Architecture*（Bartram，1975），《英国的招牌字体》（*Fascia Lettering in the British Isles*）（1978a），《不列颠群岛的街道名称字体》（*Street Name Lettering in the British Isles*）（1978b），《文字和建筑物：公共字体的艺术和实践》（*Words and Buildings, the Art and Practice of Public Lettering*）（1980），以及《符号：环境中的字体》（*Signs, Lettering in the Environment*）（Baines和Dixon，2003），来列举一些比较有名的例子。同时其他出版物也证实了符号的范围和种类。在《标志在行动》（*Signs in Action*）（Sutton，1965）一书中，还包括了作为悬挂标志的符号、各种手绘标志、市场摊位上的手绘价码标牌、图形和文字为基础的霓虹灯标志。这很大程度上受到赫伯特·斯宾塞（Herbert Spencer）（1949—1967）的《印刷排版设计》（*Typographica*）（1949—1967）的影响，该杂志于1963年引起了人们对比如井盖等平凡物品的注意。斯宾塞为罗马的托托酒吧（Bar Toto）拍了一张外景照，照片上的描述是"不仅是复制品，也是拼贴画，都是交流沟通所涵盖的连续形式，但从来没有完全消除图形表达出来的地址的古老形式感：石刻字体、涂鸦、邮箱、广告、霓虹灯等"（Poyner，2002：70）。

一些出版物更加古怪。例如：《造像者》（*Graphicswallah*）（Lovegrove，2003）以印度的手绘壁画和广告为特色，《巴黎地铁》（*Paris Underground*）（Archer和Parré，2005）记录了隐藏于巴黎街道下177英里的人工隧道墙上三百年的图画、手绘、涂鸦和刻划，《标志语言：作为民间艺术的街头标牌》（*Sign Language: Street Signs as Folk Art*）（Baeder，1996），是美国民间艺术中手工制作的街头标牌的合，还有《美国的信件：照片和字体》（*Letters on America: photographs and lettering*）（Fella，2000）以1134张宝丽来照片为特色。此外，《无处不在》（*Nowhere in Particular*）（Miller，1999）是对腐烂墙壁的深奥描绘，在那里，已经没有了字体，残留了使表面变色的腐蚀物，也留下了文字的痕迹以及撕破的广告牌海报。这让人想起法国艺术家雷蒙德·海恩斯（Raymond Haines）和雅克·维勒格（Jacques Villeglé）在20世纪50年代的作品（Anon，1999）。更具地域特色和政治动机的是一本关于自由的书《墙上的文字：柏林墙上的和平》（*The Writtings on the Wall: Peace at the Berlin*

*Wall*)（Tillman，1990年），其中突出了柏林墙上的涂鸦图像。这个书单还在延续，建筑环境中标志的平面图形从各个角度越来越多地展示出了可用性。

建筑环境专家们也使用摄影图像来表现他们对环境管理的兴趣。《城市标志与灯光》（*City Signs and Lights*）（Carr，1973）是对波士顿这个城市中公共的和私人的标识与照明混乱排列的研究，试图通过更好地理解环境信息系统来帮助发展城市规划和提升公共信息的可读性。这促进了视觉设计咨询的方法，并且邀请凯文·林奇作为城市设计顾问（我们将在第4章中进一步讨论林奇，这有可能是视觉设计和城市设计对城市规划做出最早贡献的案例之一。直到20世纪90年代初，《道路导向：人，标志和建筑》（*Wayfinding: People, Signs and Architecture*）[Arthur和Passini，（1992）2002]这本书才再次将这些学科与道路导向的意义重新结合起来，这是20世纪60年代初首次对林奇的"道路导向"思想进行阐述的著名尝试。道路导向从此成为人们关注的焦点，在《道路导向：图形导航系统设计与实施》（*Wayfinding: Designing and Implementing Graphic Navigational Systems*）[伯杰（Berger），2005]中，"环境视觉设计"这一组合名词被用来描述一种新的专业。据说这代表了在工业设计和城市规划等领域的帮助下，视觉设计和建筑之间的融合。

在这个新方向的基础上，《引路：环境标识原则和实践指南》（*Wayshowing: A Guide to Environmental Signage Principles and Practices*）（Mollerup，2005）这本书通过讨论，介绍了若干适用于各种环境的原则，提供了一系列的语境，包括了医院、机场、铁路、博物馆和城市：

- 寻路和引路的区别；
- 解释为什么许多标志不起作用的实用理论；
- 标志作为识别、指导、描述和规范的功能；
- 地名学的重要性（命名的原则）；
- 标志内容为：排版、象形图、箭头、指南和地图；
- 标志形式包括颜色、大小、格式、网格和分组；
- 位置、安装和照明；
- 包容性设计（尤其是视觉障碍以及方法）；
- 以及规划、其流程及品牌的重要性。

最后，《作品：城市剖析》（*The Works: Anatomy of the City*）[Ascher，（2005）2007]以当代为坐标概述了在21世纪通过其城市图形对象纽约市是如何运行的。这包括：交通信号和交通摄像头、交通低噪措施、井盖设计、街道修复标志、路牌、停车处，1910年到1990年间地铁名称的字体系统和代币的使用、地铁信号系统、蒸汽喷口、火灾箱和警务。纽约市就此展示了一个特大型都市是如何通过一系列的城市图形对象的视觉影响力而正常运转的简单印象，这个图形系列的规模是惊人的：近2万英里（1英里≈1.61千米）的街道和高速公路连接着纽约的5个行政区，有着4万个交叉路口，其中的11400个被交通信号灯所掌控，更不用说超过100万个在城市道路上的路牌（Ascher，2005：2-21）。人与城市在这一方面的互动以停车规则和限行规则为特色：行人过街系统、单向交通模式、公交专用道、轨道路线、"直达街道"和禁入道路等。所有这些都带有某种形式的图形位置存在，在环境信息系统密集的时代广场表现得最为激烈。

虽然视觉设计理论研究书籍没有充分认识到平面形式和城市环境之间的关系，但是仍然有个别的各种杂志和行业刊物涉足了这一领域，如季刊《眼睛杂志》（*Eye Magazine*），月刊《创意评论》（*Creative Review*）和"国际排版设计师协会"主办的期刊《印刷》（*Typographic*）等，经常以本书第1章中介绍的"字体—排版—视觉—城市"关系为基础定期进行了关注。例如，2013年3月，《创意评论》（2013年3月）发布了一个关于伦敦地铁的特刊，作为对其一百五十周年视觉形象传播的回顾，其中追溯了前50年商业艺术和广告的演变，包括了地铁线路图、爱德华·约翰斯顿的字体（如上所述）及其随后在地铁圆形标志中的使用、宣传地铁旅行的海报、大规模的公共艺术和许可、品牌的推广和发展等。《眼睛杂志》（第34期）发表了一个特殊议题，从公共领域的角度来看，通过图形元素去整合各种相关对象，包括了形式、内容和媒体，探索标志、文化和市政项目，以及《向拉斯维加斯学习》（*Learning from Las Vegas*）的持久影响（Ventur等，1977），还包括了一系列在公共领域的商业艺术，如霓虹灯的沸腾、小广告卡片、市郊购物以及摄影作为创造城市街道图景的角色作用。特别是，《向拉斯维加斯学习》重申了这个城市对形象、象征和代表因素的重视，这些因素其实比起形式、位置和方向来说更为重要（Heathcote，1999：46-8），但反过来它对商业环境的关注却限制了人们对单个图形对象更广泛功能的欣赏。

需要特别注意的是，字体设计在以下的案例中占有重要位置，20世纪30年代阿姆斯特丹城中的二百座桥，每一座都使用了铸钢文字在桥身上标识了其桥名，用的是定制的"阿姆斯特丹桥式字体"（Middendorp，2008）。更重要的是，字体设计的重要性还解释了一个困扰大家的问题，就是诸如为什么米斯特拉尔字体（Mistral）是蒙特利尔众多小企业的首选字体之类的问题得到了回答（Soar，2004：50-7）。正如在伦敦艺术大学中央圣马丁学院的"主要字体记录"所体现的关于里斯本字体的讨论，拓展了20世纪60年代开始的早期字体历史研究学者的工作（Baines和Dixon，2004）。所有这些都强调了人们对字体的迷恋，并且与建筑领域的兴趣直接重叠，但这还不是全部的表现例子。

这几个例子强调了字模和字体设计（意思是版式设计）两者错综复杂的特性，但这是两个截然不同但关系密切的活动，贝恩斯（Baine）和狄克逊（Dixon）（2002: 8-9）认为字模与字体形式相关：字母符号是数千年来发展起来的，并且是字体设计的"根学科"，但在实用性、创造性和对当地环境的响应能力方面相对来说具有更大的范围。"阿姆斯特丹字体"和"米斯特拉尔字体（Mistral）"是字体设计，而贝恩斯和狄克逊认为，字模与工业生产的关系不像与字体设计那样密切。在本书中理解这种区别的方式的含义是：作者的观点不是通过对字模的理解，而更多的是通过对字体设计的理解。但是通过字体设计这个渠道，非常清晰地支持从字模的领域去补充主要的论据，并且强调设计是一个普遍的连接，其位于字体与排版、排版与图形、图形与城市设计之间的位置。

同样，字模和字体设计两者密切相关，并且都明确地融入版式设计当中，字体设计、版式设计和视觉设计之间的关系也隐含在相关研究中，这些研究表明字体设计有更广泛的语境，而且还延伸到了市议会都参与其间的程度。其中的例子之一是谢菲尔德市议会在"连接谢菲尔德（Connect Sheffield）"计划中倡议开发映射在街道上的行人标志，以及使用线上程序和印刷品进行相关应用，该计划涉及"字体—排版—平面—城市设计"活动的完整链，其中最小的一个细节设计就是字体设计。这个"谢菲尔德无衬线（Sheffield Sans）字体"是由设计师杰里米·坦卡德（Jeremy Tankard）设计的新字体，是阿泰利尔视觉设计工作室（Atelier Works）设计方案的一部分（Baines和Dixon，2005）（参见图版4）该方案将图形设计形式综合为定义明确的图形空间，即城市图形结构。每个图形都包含一组可变的子图形对象，其形式包括定制的印刷、摄影、图表、象形和表意的案例以及信息显示板。这些综合视觉传达装置传达本地的信息内容，并通过使用图形终端设备连接到更广阔的交通网络，比如英国铁路标志。

此外，排版设计就像之前在图1.4中所举的例子中显示的"喜剧地毯"中占据显著的地位，该项目的视觉艺术探索受益于其运用了综合排版设计的喜剧招贴的存档（Lucas，2011: 42）。

这些对比的例子强调了视觉设计在城市设计界面中的作用，但它们是断断续续的，就像一场改变视觉设计理念的狂欢。这些例子多种多样，包括了20世纪30年代欧洲法西斯主义相关的"纪念性图形"的影响，出现在建筑物外部立面完整的"超级图形"，还有在拉斯维加斯和现代摩天大楼照明中常看到的典型的"绚光奇景"，也包括了在1968年的巴黎学生运动（Heller和Vienne，2012）中出现的"街头口号标语"。

我们可以从这篇简短的评论中推断，"字体—排版—视觉—城市设计"实践之间存在着紧密的联系，这在大多数文献中也得到了反映。有关排版的论述有一个传统，就是结合宽泛的图形设计视角和它本身的广阔视野，这个视野合并了文学以及造型图像。前面提到的战后的视觉艺术出版物《印刷排版设计》（*Typographica*）是将"视觉和文本"并置的最好例子之一，并且拥护将摄影看成是一种"新的文本形式"（Poyner，1999：64-73）。

## 总结

本章进一步解释了城市图形对象是什么，并将其定位为具体的东西。本章研究了城市研究学者使用的术语，阐明了城市和城市设计的含义，揭示了视觉设计从古至今的城市历史视角，回顾了一些相关文献，并重点介绍了罗马的图拉真纪功柱和伦敦爱德华·约翰斯顿的"地铁"字体。这两个案例研究说明了城市图形对象是如何通过时间和空间联系起来的。另外通过对这两个案例中铭文的关注，说明了图形对象是城市对象的具体组成部分。

视觉设计的城市历史清楚地定位了视觉设计的起源，其与埃及、美索不达米亚和印度河流域的城市早期发展一致。视觉设计采用雕塑的形式，整合了"图片"和"书面"的表现形式，今天在纽约时代广场的壮观的电子灯箱广告展示中依然使用类似的媒介，这是现代版的古罗马城市中墙壁上的彩绘字体和旋转的木制信息板。在图形形式和城市形态之间建立关系的早期阶段，当记忆中的几何图形通过手和刷子传递到石头表面时，铭文显示出通过脑力和体力共同努力下的进化发展。然后，铭文被刻出并填上了油漆（这个过程的现代版本今天仍然在使用，如同制作墓碑的情况）。这通常是徒手进行的，但在布局方面也有很多先进的准备和规划，在这个发展进程中，我们看到了早期的设计过程的方式仍然在有效运行，作为一个构架，可以通过来自共享的系统努力，以及借鉴历代传承下来的历史先例，策划和制作进行类似的设计活动。今天，时代广场电子讯息的制作在某种程度上来说是一种更精致的设计活动。尽管在街角看到的大多数例子都是机械化制作的简单路牌，仍然在少数情况下也会有使用手工制作的新奇作品。

古代与现代视觉设计史之间的鸿沟，暴露出从事艺术设计研究的专家对城市的关注不足。这应该不足为奇，因为艺术设计是高等教育的一个相对较新的领域（如第2章所示），并且被分割成广泛的实践方向，或许只有通过图形绘画这一共同的活动才能联系起来。城市文脉的视觉设计的历史画像往往主要以字体和排版为例，很少能关注到美化城市环境的大量信息设计（本书的当务之急）。自20世纪中叶以来，专业和行业的杂志期刊一直在促进直接连接"字体—排版—视觉—城市设计"连续体的论述，但城市文脉是形成讨论的主要背景，因此被从事艺术设计研究的专家忽视。一个例外是爱德华·约翰斯顿的字体设计，用途广泛而综合，它是与伦敦地铁的大规模建筑和设计相关联的地铁系统的专用字体设计，现在也是伦敦更广泛交通网络的一部分。无处不在的约翰斯顿的字体，以及它在多个领域上的广泛用途，从广告和信息板到公交车号码和公交车站，这个字体已经被证明是一个嵌入式的城市设计细节和伦敦形象的直接识别。纵观在城市环境中应用字体的情况，世界上还没有任何一个地方能有这种一致性和规模。它规范和统一了围绕着该城市的人群的交通流动的行为。

在关于如何定义城市的讨论中，对"城市"一词的解释普遍不一致，这个问题也反映在对城市设计的各种解读中。城市设计的定义包括从窗户看到的一切，看到更多关于结构、关于设置和生活的东西，它们是关于复杂关系的，因此，通过图形对象可以更容易地观察各种居住区的类型，以获取是构建了还是破坏了空间功能的证据。这一点很重要，因为在一个小村庄或城镇中也可以找到与大都市一样多的街道标志。然而某些图形对象，就像交互式建筑表皮这种设计，主要出现在一定规模的城市中，并且只有在特定场地的情况下才能找到，尽管有一种说法是响应环境无处不在的，但这个说法是牵强附会的。

城市环境的设计取决于对来自不同来源的历史知识和对此的不同理解，视觉设计视角即是其中之一。城市设计认可了许多加强建筑环境建设和有益发展的方法，并且通过不同的社区实践对其进行了阐释。然而，这些通常都是有限的视角，忽略了我们在图形对象中看到的细节水平，并且不属于建立一个典型的环境设计专业教育的必备知识内容。有的建筑师可能曾经研究过建筑字体，但是囿于知识和理解，并没有充分发展到足以应对当代城市生活的传播复杂性。以下的诸多问题仍然没有被视为核心问题：字体的设计和选择、横幅的设计，或者存在着一些基本的人类标记制作活动的无处不在的自然界：例如道路、小路或体育场上的赛道白线。其实这些都是图像和物体，但如何才能理解这些简单而有效的装置对城市形象所具有的重大贡献？本书将会从历史角度提到这一点，例如约翰斯顿的伦敦地铁字体，这个问题将会在第4章里有进一步的讨论。

# 4

# 意向性

*"……物理对象的这种性质，使其很容易唤起观察者的强烈感受。"*

林奇（LYNCH），1960：9

## 简介

本章和后面的第5章，将借助第1章中概述的论点应用于城市设计中流行的观念和概念中，分别涉及图像和视觉的相关内容。第4章分析了中小城市仿照大都市进行城市设计的方法，就如同传统的平面印刷，当然这种类比的方法在设计中时常用到。我们探讨与字符（the word sign）相关的问题以及与其规模相关的含义，本章将宏观—微观二元性作为理论和经验的区分，以进一步将前面提到的中间地带作为通过图形表示连接人与地方的位置。

第3章表述了铭文如何同时成为干预空间和时间的元素，但本章中的两个主要案例研究说明了这种象征是如何被揭示的，一个案例是东京新宿的"集中"而"大量"的兼收并蓄的图形介入，另一个案例是在伦敦威斯敏斯特市的更加分散的但是系统的、实用的、单一的设计。

本章提出了一个问题：城市图形对象如何影响城市形象？这个问题特别关注凯文·林奇提到的城市形象及其元素的概念。通过将上一章介绍的城市图形对象的概念叠加到林奇的城市图像的五个要素（路径、边缘、节点、区域、地标）上，目的是解释现代城市形象是如何通过图形元素来确定的，从而促进形成了符合客观规律的表现，这增强了身份认识、结构化和与成像性相关联的意义。

一个简单的思维实验说明了指导本书这一部分的原则，试想闭上眼睛，想象一匹斑马，你看到了什么？最像斑马的是什么？它的形状？还是黑白条纹图案？最有可能的答案是在一种类似于骡子和马杂交的动物身上叠加着黑白相间的条纹。这个实验引发的精神意象非常生动，可以称之为图形。

# 城市图形类比

本书第1章介绍了图形活动的空间维度，提出了所谓的"真实空间"是如何转化成符号的，因为它们是具有象征意义的，并且从心理学家的角度出发，由此证实了微观心理学怎样为理解日常生活中的小焦虑、快乐、结构、事件和决策提供了基础。但是，真实和印刷空间的对齐依赖于类比的使用，在这种情况下，印刷品提供了一个有用的视觉类比，通过一组符号来增强阅读环境的理解，作为所谓的图形工程产品来指导未来的行动。摩尔斯试图将视觉设计的概念提升到比简单地将美感应用于火车时刻表或酸奶盒上的设计更高级的层次。他认为我们的存在越来越具有象征意义，因为在某些情况下，沟通价值反而会优于物质现实，比如我们只需要考虑与警察制服或我们最喜欢的足球队队服有关的价值观，还有购买汽车时颜色的重要性，或高速公路上橙色荧光的交通锥，关于这一点我们借助于以下三个例子。虽然位于日常生活的环境框架中，摩尔斯生活的年代用来区分真正的空间对象，例如一个大道或大街上，还主要是城市的空间，这些是可以替代印刷品的物品，这种强调视野的本体论隐喻正是城市设计中的既定类比。

城市思考者习惯于使用类比的方法以更好地传达对城市的理解，例如林奇（1981：82）使用了"城市机器"的隐喻。通过这种方法，建筑与图形的沟通被直接与两个观点联系起来：哥特式大教堂是文盲和学者共同的"圣经"，以及百科全书的观点（Rowe和Koetter，1978：48）。林奇比摩尔斯（1960）更早使用与印刷品的相同隐喻来类比美国城市景观的可理解性。摩尔斯声称的易识性即林奇在书中写到的"如果它足够清晰，就会像一张纸一样，可以以一种可识别符号的相关模式直观地把握，因此，一个易读的城市应该是这样一个城市：它的区域、地标或道路很容易识别，并且很容易组合成一个整体模式"（Lynch，1960：3）。此外，列斐伏尔（1996：102）将城市的"物质性"与书面语的"文化现实"进行比较时也使用了相同的讽喻。

通过将印刷品设计的工艺与城市设计的复杂性进行对比，印刷品的熟悉感一词成为城市景观更具挑战性的识别和一致性的同义词。然而，虽然林奇使用这个类比传达易识性的概念，但他没有探索印刷设计的本质，在他自己的著作《城市意象》（*The Image of the City*）中，分别使用了排版和非排版元素，比如照片、图表和图纸来提高文本质量，以帮助读者进行阅读。林奇的特色是方向标志的图片，和出现在泽西城日报广场的其他图形装置的图片、洛杉矶的市政中心和洛杉矶的百老汇图片，波士顿的地铁图片、华盛顿和街道的图片以及斯科利广场（Scollay Square）的图片。这些装置多数情况是版面设计，但是时钟、旗帜、汽车登记牌和摩托车的图片也出现在摄影中，例如林奇将标志和箭头等细节与城市景观的易识性联系起来。

来自于林奇意义上的易识性取决于对局部的认识，以及取决于这些局部所组成整体模式的连贯性，保持良好的环境心理形象有助于营造人类与周围环境之间的和谐关系。对他来说，身份、意义和结构在一定程度上是一个某个特定位置的可识别物体的物理性质所形成的环境形象特征。在这个意义上，易识性也指作为艺术对象的城市的"易读性""可成像性""可视性"或"可见性"。他的主要兴趣是城市对象的合成图像，它们"尖锐"而"强烈"，"格式良好"而"独特"，并且"非凡"，这些特征源于所有感官，并且对社会和情感都很重要（Lynch，1960：10）。日常物品，如字模、门牌号码、街道名称、交通标志、方向标志、作为寻路装置的引人注目的迹象和标志——所有这些林奇所提到的一切内容都被看作是这种环境形象的一部分。它们的出现与城市设计对象形成视觉图像的愿景相吻合，并且与第1章中所介绍的图形对象一致，被作为情感生动的城市视觉装置的例子进行了介绍。

这个看似不起眼的城市图形类比被引入到林奇的开创性研究中，据说是最受欢迎的城市设计研究成果（LeGates和Stout，2003：424）。尽管摩尔斯似乎没有意识到早期使用了同样的类比，但相比之下，林奇认可了欧洲和美国心理学家在此方面的工作，但是他认为这些研究仍然是"粗略的"，且认为他们的方法过于个人主义。为了寻求更为广泛的观点支持，他优先考虑了大多数人共同的心理场景。因此这种类比对于许多环境专业的人士而言是熟悉的，如果因为林奇更为人所知的是对构成城市形象的各种元素的识别：路径、边缘、区域、节点和地标而变得没有意义。

林奇和摩尔斯所使用的版式设计的类比并没有超出视觉设计上的辨识符号的相关模式。然而，在基本层面上，排版、摄影和插图（作为视觉设计的元素）为理解构成版式设计的模式和符号提供了基本的线索，因此可以转换为环境分析。我们在第1章通过确立城市的基础图形对象和城市的平面造型工艺技术扩展了视觉设计的概念，但同时产生的问题是，与这些概念相关的思想在多大程度上能够有助于形成林奇（1960：46-90）所说的"城市形象及其要素"这一观点。

在本节的讨论中，我们将经常使用的阅读书籍与阅读城市进行比较之后，下一节将会讨论图形元素如何影响构成城市形象的元素，所使用的方法是将版式设计的排版和图形细节放大到尽量地接近城市尺度的大小。

# 城市形象及其"图形"元素

　　根据林奇的说法，路径、边缘、区域、节点和地标组成的综合网络构成了城市形象的元素，并对其形象、结构和意义作出贡献。这为将视觉设计视为城市设计，将图形对象视为城市图形对象提供了一个有用的框架，因为这是公认的城市设计方法。这虽然不是林奇研究的明确内容，但图形元素正在含蓄地成为城市结构不可或缺的一部分。正如我们所看到的，尽管它们对城市的视觉、审美和文化特征有着重要的贡献，但事实证明，其实很难在城市尺度上对城市图形元素进行分类。

　　图形元素是林奇对城市形象及其元素的解释。大多数人认为，在他的研究中，主要的城市元素是街道、人行道、交通线路、运河或铁路，同时其他元素也存在于上述的这些元素中。人们沿着它们移动，因此它们也是观察城市的对象，比如地砖的纹理、颜色、外立面、照明模式、标志、指示箭头、房屋编号装置、安保检查点、植被、地名和编号等。所有这些都增强了道路空间设计的可视范围。边缘是线性边界和屏障（两者具有不同程度的交融）联合或间隔区域的缝隙，其中的例子是海岸、铁路、豁口、开发边缘或界墙。像道路一样，它们也可能是方向性的，但不同之处在于它们通常不会通过人的运动来区分。林奇没有提供边缘图形元素的例子，但是路边"受欢迎"的地名是跨越边界的明显标志，它说明了道路和边缘是如何相交的，并且标志着从一个区域到另一个区域的过渡。城区的不同之处在于，它们是城市的中大型区域，都有内部和外部，都有内部经验和外部识别。"不同尺度的纹理、空间、形式、细节、符号、建筑类型、用途、活动、居民、维护程度和地形"提供了区域的物理特征，林奇提供的字体作为有区域标识的物体的小尺度实例（1960：68）。（最后作者以威斯敏斯特市街道铭牌为例，对道路、边缘和区域进行了表征。）比区域更具战略意义的是节点，节点的大小取决于周围环境。节点比区域密集得多，节点可能是结合点、十字路口、过渡点或断点，就像街角或某种类型的围挡装置一样的简单。根据在城市中的相对位置，这些有可能是较小的规模，也可能是和城市本身一样较大的规模。地铁站入口、主要火车站或机场就是这一类别的例子。最后，与节点不同的是，地标节点是一个值得纪念与关注的对象（尽管有些东西可能同时符合这两种类别），它是一个从其上下文中脱颖而出的对象，并且是唯一的。有很多例子：一个金色的圆顶、具有空间突出性的物体、与某一特定活动（比如做礼拜）有关的东西，或者像一个孤立的交通灯、街道名称、标志或商店、单一交通指示灯或街道名称、众多的符号、店面、树木，甚至是和其他城市细节一样带有弱识别性的门把手等（Lynch，1960：48）。从"高速公路可能是司机的必经之路和行人的边缘"的意义上讲，这些元素中的每一个都可以由用户去解释，这句话可能会被赋予不同的含义，一个中心区域既可以是一个中等规模的城市组织的一个区域，也可以是考虑整个大城市区域时的节点（1960：48）。

总之，在林奇对构成要素的解释中认为，在人们如何回忆构成城市形象的五个关键部分中，产生了无数的视觉干预，即图形干预，其中许多是公认的，由此可见，城市和图形之间的关系在有助于建立视觉图像方面是明确的。如前面第1章所述，这些视觉应用充其量只是被描述为各种各样的东西，与可能被称为类型学的东西毫不相干。每个视觉应用都与城市研究中的不同方面相关联。例如，关于城镇结构的讨论中的肌理和颜色特征，尺度、风格、特征、个性和独特性（Cullen，1971：11），以及林奇提到的"无数的符号"与文字符号在环境中与字母的关系密切，这与环境中的字母相关（Baines和Dixon，2003），说明了符号这个词的特定语境。

符号这个词的使用是有问题的，因为它强化了相对小规模和大规模干预之间的差距。例如，符号这个词被林奇以不同的方式使用：有时它指的或者是"黄色字母的标志"（1960：180），或者是波士顿的"亮金色圆顶"作为一个"关键标志"（1960：82）。有时非物质性方式的符号被称为"符号元素的形状"，例如"箭头、木瓦、海报、信号等"来代表事物或行为，另一位研究者摩尔斯是持同样的抽象态度（1989：120）。从"微观心理学"的角度来看，摩尔斯的运用被扩展到日常的"微观情景"和对"微观焦虑、微观快乐、微观结构、微观事件或微观决策"的审查，这被称为"生命网络整体"（1989：119）。林奇的研究同时承认相对较小和较大的物体，从字体到穹顶，而摩尔斯则把有关视觉设计，有关易识性和普遍性的想法与日常生活的细节联系起来。因此，尺度是理解城市结构的一个重要维度，但与符号学意义上的理解相比，单单使用符号一词在物理意义上是不足以理解和描述城市图形对象的（详见第6章）。下一节将介绍其他研究者是如何处理与比例相关的问题的，介绍他们如何处理并总结出一种方法，以弥合对符号这一单词的不同解释的。

## 与符号和比例相关的问题

在关于日常物品的跨学科话语中，我们已经看到了如何使用符号一词来表示容易识别的东西，比如商店的店面。但它有时也表示了一个建筑特征，如圆顶！这个现象对我们的目的来说，既是有问题的，又是有用的。因为标志是一种信号、手势、通知、符号或单词，指示其他事物可能的存在、发生或开始。从最广泛的意义上说，一个标志可以是传达意义的任何东西，而且"没有任何东西不是一个潜在的或实际上的一个标志"（Mitchell，1986：

62）。符号这个词在理解城市图形对象的潜在范围时，所表现出的这些用法之间的区别，使更多的对象有可能被识别为图形对象。该词的语境在这里是关键，但是当这个单词在一个学科中被用于表示不同的东西时，就像林奇在研究中所使用该词的情况，就是令人困惑的，因此也是存在问题的。人们常常不清楚他指的是交通标志（比如指示单行道的箭头），还是地标性建筑。虽然两者都是明显的标志，但两者在物理现实层面的差异是显而易见的。

为了克服这种困惑，小写的"符号"（sign）一词和大写的"标志（SIGN）"一词的区别被用来区分日常使用，例如商店门口的标志或人行道上的方向标志，以及符号学家如何将这个词与任何有意义的词联系起来（Mollerup，2005：11）。后者承认在符号学图式研究中使用这个词来研究能指、所指和符号之间的关系。[Barthes,（1957）2009：131-87]。例如，像纽约的帝国大厦（Empire State Building）这样的建筑可能是一个标志，表明你正在接近曼哈顿，但它并不是一个与"帝国大厦"的铭文含义相同的标志。这种排版的差异可以帮助我们在两种城市图形对象之间迁移——通常是那些名称、指示、描述和调节的图形对象，或者是服务于不同主要目的的图形对象，例如避难所或短期住所。

符号学意义上的标志（SIGN）帮助我们理解意义，以这种方式分类，它使我们能够将帝国大厦视为符号学符号，而不考虑专业的设计学科对建筑的形式有何贡献。以帝国大厦为例，它通常与建筑联系在一起，但在这里，因为某些特殊的原因它也被认为是一个城市的图形对象。例如，当建筑物的轮廓被视为曼哈顿天际线的一部分，而它的形状本身就是出类拔萃的，它的身份和意义有助于象征"那个地方的活力、力量、颓废、神秘、拥挤、伟大，或你对那个地方有什么看法"（Lynch，1960：8-9）。从远处看，帝国大厦是一个生动的形象，与周围环境截然不同。同样的道理也适用于建筑立面上镶嵌的装饰性金色铭文。就像建筑的装饰艺术风格的外观、高度和形状一样，字母的形状和颜色被设计得很突出。熟悉的形状和金色铭文都通过其独特的形式脱颖而出（参见图版5）。

如果仅仅从这些视觉品质来看，帝国大厦是一个附属的图形对象，也是建筑的一个产物。它提供了纽约独特的图形图像。建筑物的字体是一个主要的图形对象，因为它的形式除了用于识别建筑物之外没有其他目的，而建筑物本身则具有不同的功能。

因此，符号包含了小写的符号（sign）和大写的标志（SIGN），而莫勒鲁普（Mollerup）将两者之间的关系描述为同心圆，暗示着某种标量关系，证实了符号（sign）的狭义解释包含在了广义标志（SIGN）中。莫勒鲁普将建筑设计与环境设计专业人士的较大规模作品提供给用于相对较小规模的对象中，如建筑字体或路标应用中。

图4.1　纽约帝国大厦的仰视视角

　　以纽约的帝国大厦（图4.1）为例，我们对物体的理解不仅仅基于文字或建筑，两者都不能被视为一体。例如，从远处看时，建筑物的轮廓可能会强调其尖顶，但其铭文显然是被隐匿在视野之外的。反之，当从地面向上看建筑物时，铭文是完整的，但它的尖顶则是模糊的。如果从宏观和微观的角度来看，融合似乎在中观层面进行，强调这座建筑在民族精神中意味着什么。例如，美国国旗被设立在建筑物的正面，因为它继续向上飘升。在地面上，铭文标明了该物体是什么，而它作为美国文化"象征"的地位，在一定程度上是通过与星条旗的紧密联系来体现的。建筑物的定义顶峰是看不见的，而其最小的定义属性，嵌在建筑的金色碑文中细部的垂直山脊同样是不被承认的。

　　以上简要介绍了本节中与符号和尺度相关的一些问题，引入了宏观—微观二元性作为一种可能的补救措施，以解释如何使用符号和比例将两者结合起来并克服与单词符号相关的狭义和广义的含义。以上情况该怎么应用呢？下文中我们将尝试构建出一种方法。

## 关于中观分析

　　宏观—微观二元性是社会学和经济学等学科中确定的概念。相比之下，它在设计中的理解就比较少，因此在设计中未得到充分的使用，但有一些证据表明它有所使用。在对比新艺术运动中高迪对栏杆、扶手、格栅、门把手、家具、家具和窗户的关注时，巴瑞里（Barilli）（1969：36）用这个概念来描述威廉·莫里斯（William Morris）的宏观结构与微观结构的整合。在图形沟通中，沃克（Walker）（1995：87）将伦敦地铁地图描述为代表了地铁网络的宏观系统的微观模型。在地铁线路图的设计排版中，泰曼（Twyman）（1982：2-22）将字符间和单词间的间距描述为微观层面的关注，而宏观层面的关注是将较大的文本单元间隔起来。此外，在排版方面，斯特克（Stockl）（2005：204-214）使用了这种区别，同时提到了在微排版、中排版、宏排版和副型排版时使用了这种区别，展示了关注的范围如何来适应越来越大的分析单位。因此，对宏观微观问题的普遍看法是指非常大或非常小的问题。然而在社会学等其他领域，由于使用了理论和经验的区别的分析工具，宏观微观问题成为一个哲学二元论，并同时强调"代理—结构/个体—社会"的二元论。

作为一种经验上的区分，"大与小"立即呈现出一种理解宏观、微观的方式，而理论视角导致了抽象内涵被运用到社会科学、地理学和药学等多种学科的科学情景中。从哲学的角度来看，这里或那里不同的场景，会与宏观和微观相互交织的相互集成的场景形成对比，这就是中域或中结构突出的地方。再一次，借用社会学的观点，这承认了互动发生在一个特定区域，在这个区域中，两个对比鲜明的尺度实体融合成了一个更有意义的单元（Marshall，1998：410）。在关于中观层面的研究描述中，沃德（Ward）（1902：629-658）将中间层描述为从社会环境中获得的"'人性'的知识"。基于同样的观点，中位图层代表了人类通过物理和有意义的图形对象与环境交互的方式。因此，我们期望能构建一个跨越符号二象性的宏观/中观/微观理论，为分析小、中、大和超大图形对象的合成提供出一个模型。

"宏观的"和"微观的"两个词是已获公认的学术名词，但只有后者才有必要在简短词典定义中被提及：用成像显微镜拍摄的照片。"显微的"一词与"显微图"一词有关，后者指的是显微镜下物体的照片或图画，它与17世纪的显微学术语密切相关，可追溯到罗伯特·胡克（Robert Hooke）1665年出版的《显微学》（Micrographia）一书，书中描述了借助放大镜对微小物体（如跳蚤或鱼鳞）所进行的生理学描述。在这种意义上说，显微摄影描述了一种特殊的技术，它使得观察以前被认为是看不见的东西成为可能。因此，除非是近距离观察，否则微观物体是不可察觉的。

一个简单的例子说明了宏观—中观—微观连续体是如何工作的。史基浦机场的男用小便池里放置了一幅仿真大小的家蝇图像。据称这一方式可以提高男性小便的注意力、针对性和准确性，从而能减少80%的溢出［Thaler和Keller，（2008）2009：4］（图4.2）。

从左到右看，小便池吸引男人走向他们应该撒尿的地方。当一个人靠近时，小便池中的

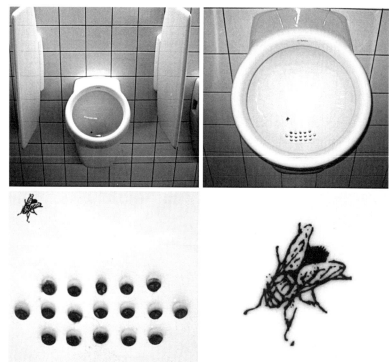

**图4.2** 小便池中的苍蝇（荷兰史基浦机场，2011年）

这种图形化的干预会影响行为，并展示了在中观层面上，"对象—对象"的关系如何最有效地发挥作用。

苍蝇会进入视野，与小便池和排水孔合二为一，在这一节点上，形式和语境是最具情感的，我们称之为中位图层。如果将苍蝇从其他对象中孤立出来，就像我们在这个系列图像的最后一幅照片中看到的那样，相较而言它就是毫无意义的。苍蝇是一个符号范围内的迹象，是一个微观的物体，在中观层面上与其他物体最具情感，但在宏观层面上，当从远处看小便池时它却难以分辨。虽然当脱离语境时，它在微观层面上是孤立的，然而在小便体验的某一时刻，便池、排水沟、苍蝇会集中而紧密地交流，并影响到便池使用者的行为。

分析这个序列强化了这样一种观点，即在这种情况下，在中间两幅图像所示的中间水平，即苍蝇的图像进入视野时，图形干预是最有效的。如果80%的数据是可信的，那么其影响便是显著的。这发生在中域，在这里苍蝇的图像连接到排水口的图像以及便池作为一个整体的实用功能。在中观水平上，因果关系以宏观或微观层面上不那么明显和有效的方式交织在一起。这种情况下，将其复制到其他公共厕所中，如奥斯陆机场（用"高尔夫球洞"和"旗子"的图像取代了"苍蝇"），这种情况很幽默但很有效，该原则同样也可以应用于其他的环境语境。

图4.3显示了行人路口、交通环岛及纪念花园三种环境。每一个都显示了作为城市结构一部分的图形元素。行人标志指示了目的地，人字形地铺指示了方向，十字架的数量强调了战争死亡人数。从左到右阅读这些图像说明了尺度的变化如何在宏观、中观和微观层面之间移动，影响我们的认知感觉。虽然每个阶段都可以分析信息的意图，但中位图层次是预期沟通发生最充分的区域：具有清晰排版的黑色矩形组合成了功能性的标志，单一的人字形指示着行进的方向，重复的白色拉丁十字架、罂粟花和名字纪念着战争死亡人数。在单个情况下，撇号、砖块、罂粟的微观细节都被忽略了。在更大的范围上，黑色矩形、重复的人字形图案

图4.3 三个宏观—中观—微观情景（英国伦敦，2009年；英国北安普敦，2011年；英国马基特哈伯勒，2010年）
读图顺序：从左到右，从上到下，当单个属性统一传达主要信息时，有意义的综合会比较多地发生在中间层级。撇号、砖块和罂粟是经常被忽视的细节，但是当它们被安排在更大的范围内或作为组合中的一部分来传达其意义时，可以更好地满足环境沟通的意图。

和白色拉丁十字架的排列容易被理解为环境的一部分，但是不提供对应程度的信息指示或信息强调的功能。

如果调整分析尺度，忽略环境语境，宏观—中观—微观分析同样可以应用于较小的分析对象。例如，字母s的形状可以作为一个宏观图形对象来进行检验，在中位图层次上，它具有大家熟悉的开放式字怀和对角形式的主曲线，或者字母截线末端的微观细节，或者主曲线粗细的变化。或者，白色拉丁十字架（环境语境下的微观组件）也可以在宏观层面上作为受难十字架、印刷的导引牌和罂粟花图像的综合体，或者当每个方面被独立考虑时的中观层次，或微观层次上作为个别属性。例如，逝去士兵的名字是由单个字母组成的，当排列好后，就形成了一个可识别的名字。

我们在这一部分讨论中试图去传达这样一种认识：在中位图水平如何有助于评定图形对象作为符号（sign）与标志（SIGN）之间的媒介，其次是如何构建环境中的角色，另外它还说明了这一级别的图形对象是如何影响人类行为的。

使用这种分析方法与道路寻找有很高的相关性。例如图4.4中描述前往参观蒙特利尔奥林匹克体育场体验到的图像序列，多层次的图形标志为观众前往体育场观看比赛提供了便利。参考1-9的图片排列顺序，按照从左到右、从上到下的次序查看图片。图1中，体育场的剪影与地平线上突出的观景塔标识出了场地，并在城市地平线上脱颖而出。更近一些的是图片2，描绘了通往体育场的道路，同样的物体仍然以其独特的形状定义，但现在有了更多的细节。图片3中1976年的蒙特利尔奥运会会徽被应用在进入建筑时的玻璃门上，此时建筑物外部的象征意义已经消失。当游客进入游泳馆，必须找到自己的座位时，这个过程会被重复。从图4开始，图片中的座位使用红色标识，但是如果没有如图5所示放置在一个明显的蓝色矩形内的字母和数字标志的帮助，座位会因数量太多无法确定具体的某一个。这就像一个导向装置，指引观众通向单独的座位，每个座位下方的矩形金属板上都有一个如图6所示的黑色的位置编号。接下来游客会把视线转向游泳池，如图7所示。接下来它的属性部分由泳道线、蓝水和识别比赛选手位置的数字决定，如图8所示。最后，眼睛停留在如图9所示的首位参赛选手的跳水平台上。

这一系列的视觉符号并不完全符合卡伦（1971：9）所谓的"连续视觉"，它指的是当你走过一个城镇时，现有和正在出现的观点之间的对比，但他也提到了一种以这些不同比例的物体逐级增强场景的方式产生的所谓的"连贯的戏剧"。

在标量术语中，建筑物轮廓、座位模式和游泳池是识别固定位置的宏观物体，而参与的经验依赖于将我们定位到一个固定位置的符号（sign）和标志（SIGN）之间的中间关系，然

**图4.4** 参观蒙特利尔奥林匹克体育场（加拿大蒙特利尔，2010年）
方便游客参观奥运会的体验要素在许多层面上依赖于对象与对象以及对象与空间的关系。

后这个关系被以奥运会会徽、个性化座位号和对首位选手的识别形式的显微细节所支持。

这些例子试图说明摩尔斯对微观场景的关注是如何与宏观场景平衡的，并且在默认情况下，还包括了中观场景，在中观场景中会发生图形形式的综合，它提供了一个框架，使林奇对形象的偏好以及字模或门牌号码的微观形式直至演变为城市天际线的宏观形式。而介于两者之间，中观融合以影响行为的有意义的方式将不同物体统一起来。这里不会解释人们在微观—宏观—微观领域之间移动时会发生什么，这其实更多是科学领域的工作，这是认知心理学等科学领域的工作，反映出这些学科对思维如何与世界联系的关注。那些希望进一步调查的人会发现更多关于视觉感知、信息的抽象概念、代表性内容和视觉对象等方面的知识。当涉及视觉对象时，认知心理学家经常会谈到视觉元素如何通过"定义属性"和"构型模式"

在推理中发挥作用，这是他们对"心灵与世界之间的联系"以及"视觉是如何在一个场景中选择、挑选或引用单个事物的"之关注的核心（Pylyshyn，2007：1-30）。林奇对易识性和图形干预的诠释，实际上也是在寻求能够实现这一目标的方法。

我们的兴趣在于定义城市图形对象的属性、模式和用途。之所以需要这样做，部分原因在于城市中图形元素构成的不确定性，我们可以设问——与城市图形对象相关的定义属性和概念模式是什么？为了能够更详细地探讨这个问题，我们回到林奇的城市元素，并试图在东京新宿的区域层面来定义图形图像。

## 东京新宿区

混乱、复杂、矛盾，这些描绘东京的形容词，在新宿区有着充分的展现。作为东京23个城区之一，它的地标性的建筑包括了西部的摩天大楼区，也包括了标志性的东京都政府大楼（或市政厅）以及东北部歌舞伎町的红灯区和娱乐区，还有融合了波希米亚风格的金盖（Golden Gai）酒吧街。新宿是1968年东京城市规划的拥有五百万人口的城市中心区之一。其核心是新宿火车站上方大型的娱乐、商业和购物区。新宿火车站是多条郊区铁路线的交会处，据说是世界上最繁忙的火车站，每天接待约三百万人。

这个区代表了20世纪下半叶东京的城市发展，其中大部分项目是由铁路公司推动的，这些公司在车站周围建立了子中心。如今，由于第二次世界大战的原因，东京几乎没有超过四十年历史的建筑，战争使城市变成了废墟，大部分是由于轰炸和火灾造成的破坏。随即人们在城中建立了类似于棚户区的临时住所，其中一些仍然在使用，它们与东京重建期间出现的大型建构形式形成了鲜明的对比。

新宿（Shinjuku）是东京大都市中的一个超级城区，由于其规模和多样性，这里常常是游客来东京最热门的去处。然而另一个极端是，市政厅所提供的城市全景规划，与金盖的亲密感形成了鲜明的对比，成为一个为游客提供文化艺术服务的休闲场所。然而，新宿的图形对象的海量、多样性和不规则性意味着对这些事物的形式分析是极具挑战性的。因此，我们借用林奇的路径、边缘、节点和地标的城市元素，以确定出图形对象在新宿区的分布方式。

各种各样的标识、信息和指示标志系统，为东京的铁路运输基础设施提供了便利，新宿作为一个网络空间的重要性在帮助乘客出行的信息中显而易见。这些标志涵盖了铁路网及其外围，传达了一系列旨在影响乘客行为的信息。然而，承担着大量乘客辨识功能的图形装置具有重复性、连续性和多样性，这增强了东京的特色，而不是把新宿列为比该城市交通网络中的其他地方更突出的城市。直到新宿的地标性建筑（如东京都政府办公大楼）被规划应用以协助满足乘客的需求，其重要性才开始变得突出起来。

摩天大楼区以市政厅建筑群为主，同时也包含许多其他建筑，其立面图案为水平线和垂直线交叉的网格线，这是东京许多现代建筑的特色。新宿的摩天大楼中有一个例外，那就是时尚学院茧塔（Mode Gakuen Cocoon Tower）——一个椭圆形的建筑，由任意的对角线交叉连接而成，外形类似于一个茧。它的形状和不规则线条覆盖的外部特征，是一个突出的典型地标和辨识点。

在市政厅的附近，一个双层的道路系统分割了中央广场和双子塔，集中体现出了东京大部分新开发的道路和人行道系统。与歌舞伎町或新宿站相比，在相对广阔的空间内，图形对象反而是稀疏的，建筑物和交通路线占据了主导地位。人行道上嵌有黄色的可触摸的供视障人士使用的铺路条，与人行道的中性颜色形成对比，还有其他物品，如宣传横幅、停车标志和导航地图都经过精心布置，以配合周围环境。与二十年前相比，立面和其他标志一样，都使用了双语标识，而由罗伊·利西腾斯坦（Roy Lichtenstein）或罗伯特·印第安纳（Robert Indiana）等国际知名艺术家创作的雕塑作品则成了较小的地标性建筑，比如在i-LAND商业综合体中，有图案的地板、穿制服的工人和闪光的步行标志是一个有选择性的图形对象分类展示（见图版6）。

我们在地面上看到的大多数例子都是普通大众可以看到的。然而，从更高的空中角度看，在东京这样的大城市中，高层的表面和结构也是一种景观空间。天线、直升机停机坪、广告装置甚至跑道和游泳池，都以其图形形式从原本沉闷的城市景观中脱颖而出。这些图形对象在它们的意图上并不比交通标志或公共艺术显得次要，它们在城市的"平流层"中发挥着重要的作用。

从新宿站向摩天大楼区方向出发，通过一条封闭的行人通道的逐渐过渡，很像在机场的航站楼之间移动，我们会发现方向标识上点缀着商业图形的节点。例如，从主干道的凹进去的部分是麦当劳连锁店的入口，突然间，它呈现出丰富的纹理，包括了光线、颜色、摄影、字体、独立和雕塑般的企业形象吉祥物，旨在提供有关快餐店其内部产品的快速信息。

从新宿站往歌舞伎町方向走（从东出口），我们会发现与摩天大楼区的情况非常不同，图形对象的"轰炸"更加突然，游客直接面对的是阿尔塔工作室（Studio Alta）高耸的外立面和广受欢迎的聚会场所。这提供了一种视觉奇观的味道，定义了该地区的大部分的视觉形象，存在于（图形作用）最强烈的两个街区更北的靖国通道（Yasakuni Dóri），这是歌舞伎町的边缘部分。歌舞伎町的入口是一个鸟居门，除此之外，沿着一邦街两侧密集地展示着各种店铺标识，这些街道的每一边都布满了突出的标识，这些标识成角度地抹去了文化时尚学院原有建筑立面的所有感觉。到了晚上，灯光照亮了街景。餐馆、拱廊、棒球馆、酒吧、西洋景、夜总会、情侣酒店和恋物癖酒吧提供了充分的娱乐、吸引力和视觉刺激，而在东部，小巷与两层楼高的金盖与摩天大楼区的开放性和相对枯燥乏味的性质形成了鲜明的对比。这些私密的街道宽度只够行人或骑自行车的人通行，街道上方挂满了日语和英语的各种招牌，内容是经典的啤酒和烈酒。

在过度展示的图形对象造成的视觉混乱中，与稳固的东京都政府大楼或东京时尚学院茧塔的古怪隐喻相比，歌舞伎町的内部几乎没有什么建筑特色，与之相反例外的是竹山实（Minoru Takeyama）的后现代建筑赤坂武番馆（Niban-kan），以及更加稳重的花野寺（Hanazono-jinja）。这两个地标建筑都有各自独特的建筑风格，但却有着不同的设计意图，最突出的是它们大胆使用色彩。例如，花园神社（Hanazono-jinja）的视觉形象在很大程度上依赖于其鲜红色的色彩外观表现，国际商业街上的零售商们用大量的颜色来加强他们的品牌标识的醒目，就像它们现状中所占据的主导地位一样。见图版7。

从这个意义上说，颜色在这些地标的易识性上起着主导作用，并被用来强调和加强了新宿地区其他的关键信息。它一方面突出了独立的部分和固定的物体，另外一方面增强了新宿基础设施的重要部分，如铁路涵道、行人和车辆标志、目的地标识、公共艺术和广告屏。除了大胆的主色调和副色调外，经常使用平面也是一种常见的现象，与广告牌插图中色彩、形状、形式和比例的微妙造型具有同样的影响力和能见度。它们都是用来唤醒人的各个感官的。参见图版8。

这张新宿地区的照片，对比了西边摩天大楼区和东北部歌舞伎町区，为我们提供了一个局部的视角，让我们看到了城市结构中各种各样的图形对象。新宿站节点位于一条中转线的南北轴线上，在这些节点上图形设计具有了最明显、最强烈的可渗透性。车站内的行人引导标志、靖国通道与铁路线的交汇处，以及车辆在铁路立交桥下通过的地方，都是这方面的例证。参见图版8。

新宿是特大型城市中的一个大型节点，但是区分歌舞伎町一番街入口的密集焦点是通过其决定性的视觉特征之一，即闪耀的正在运转的塔结构，并作为该地区的一个标志性的夜间地标。这与地标性的市政厅建筑群底部的多层城市结构形成了鲜明的对比。在那里，除了有限的休闲和娱乐的例子而存在于重点区域的个别餐馆和公共艺术，娱乐行业选择的多样性对环境的影响要小得多。

这些例子提供了一种多样性的感觉，但没有任何东西在视觉上把一个领域与另一个联系起来，除了始终如一地使用书写系统作为语言的某种表现形式（在语言上主要用日语，有时也用英语），这是主要的统一的图形元素。除了我们自己的位置感和空间意识之外，无论是摩天大楼区还是歌舞伎町，只有新宿车站的招牌上有新宿的名字，各处都没有任何与新宿区相关的视觉标识。与伦敦或巴黎等欧洲城市相比，新宿地区层面的本地区身份却始终存在，我们将在接下来的部分探讨此问题。在定义了图形对象如何对新宿的两种截然不同的行人体验作出贡献，并描述了非常不同的本地区身份之后，接下来将从单个对象的角度利用伦敦威斯敏斯特市的街道铭牌这个案例来讨论这个问题。

## 伦敦威斯敏斯特市街道铭牌

围绕着伦敦金融城的32个行政区共同组成了大伦敦，威斯敏斯特市是其中之一，也是唯一一个拥有城市地位的自治市。它于1963年"伦敦自治法案"通过之后的1965年成立，包括了考文特花园区、苏荷区、皮姆利科区、贝尔格拉维亚区、骑士桥区、马里波恩区、圣约翰伍德区、迈达谷区、梅菲尔区、贝斯沃特区、圣詹姆斯区、维多利亚区、帕丁顿区和皇后公园区。威斯敏斯特市与伦敦市、卡姆登–布伦特区以及肯辛顿–切尔西区接壤，南临泰晤士河。它的中心位置包括了著名的地标性建筑白金汉宫、国会大厦、唐宁街以及伦敦西区的部分地标，如牛津街、皮卡迪利大街和苏荷区，以上地标使它成为一个具有重要建筑和历史意义的地方。该市有1753条街道长度达200英里（1英里≈1.61公里），另外还有400英里的人行道，据说设置有63000件街头道路导示装置。在整个地区，威斯敏斯特市的街道铭牌无所不在，是标识该行政区的实体基础设施中最常见的元素之一。

街道铭牌被威斯敏斯特自治市视为公共领域的"标志性"建构，由英国设计研究部的克里斯·提姆斯（Chris Timings）于1967年设计，自那时起他就建立了自己的风格，从时尚设计到冰箱贴，在其中标识的设计已经超越了实用性，成为一种吸引人的对象。（参见图版9）。铭牌的基本设计包括了一个横幅的白色矩形（没有边框时为圆角），左对齐的黑色字体的街道名称和用红色突出显示的邮政编码缩写，以及一条贯穿于铭牌上方整个宽度的严密的区名设计规则。铭牌通常固定在垂直的建筑表面上，如墙壁上或栏杆上，也有两根柱子支撑的独立式形式，但好像没有见到过单个立柱安装的情况。

以上这些基本图形元素提供了一个可靠的可识别图像，只是大小和街道名称不同（也有道路、露台、马厩和大门）。一个限定的排列方式以统一的大小显示地点名称和邮政编码，底部以较小的大写字母显示行政区名称，字体类似于无衬线尤尼沃斯字体（Univers）的粗体缩写。街道名称短如"弓街"（Bow Street），长如白金汉宫路（Buckingham Palace Road）都可以用一两行字来表示。

标志的排列展现了20世纪初发展起来的开创性设计特征，类似于埃尔·利西茨基（El Lissitzky）早期的实验性版式设计作品，也深受至上主义艺术家卡西米尔·马列维奇（Kasimir Malevich）的影响。利西茨基在他的绘画中引入了排版元素，并使用黑色和红色，这与早期现代排版设计的效果相同。例如，整个版面行宽的设计规则让人想起了扬·奇肖尔德（Jan Tschichold）在1937年的展览海报《建设》（"konstruktivisten"）中使用的一条线。

这种布局符合20世纪20年代从德国兴起，50年代在瑞士成熟的"清晰"理念。它呼应了瑞士设计的原则，又名国际排版风格，由扬·奇肖尔德所开启，他用这种方法打破了传统的对称的版式（例如装饰字体、轴向排列、不灵活性），提倡了经济、精度、清晰、纯洁、标准化和客观性，这是路易斯·沙利文（Louis Sullivan）年代的现代主义口号：形式服从功能。无衬线字体的排版通常在左边，是使用结构和和谐来传达清晰信息的设计师的进步价值观。铭牌设计结合了20世纪早期现代主义排版的开创性的愿望与约瑟夫·穆勒-布罗克曼（Joseph Muller-Brockmann）等瑞士设计先驱的克制与纯粹。不对称的布局、定义了图片平面部分的规则和使用红色与粗体黑色无衬线排版的对比是定义这种方法的特征。

威斯敏斯特市的街道铭牌设计的核心追求是20世纪中期对易识性的渴望，这种渴望源于早期的现代主义。这与早期的可成像性和城市形象的元素有什么关系？伦敦的一条路为这个问题提供了一些答案。

根据伦敦路标，展览路在维多利亚和阿尔伯博物馆之间，以及自然历史博物馆穿过两个行政区的边缘，北部是威斯敏斯特市，南部是肯辛顿-切尔西皇家自治市。道路的两端都有一个新的和旧的铭牌，重复标记着路的名字。在靠近道路中部的地方，两个行政区的标志在交界位置安放得近在咫尺，并且提供了区边缘的位置线索。这些标志帮助人们在地区层面进行定位。对比鲜明的铭牌设计统一了各个地区，同时区分了两个行政区。

与威斯敏斯特市的街道铭牌相比，邻近的肯辛顿-切尔西（Kensington-Chelsea）皇家自治市的铭牌与之形成了直接的对比，并符合齐休（Tschichold）所谓的"老式排版"（[1928]1998：66）。其包含了更多的装饰性的字体设计，符合对称的布局，并且还有标点符号（在威斯敏斯特的设计中有许多多余的东西）。颜色组合以黑色显示地址名称，以红色显示行政区名称和邮政编码，所有标识都有一个细细的黑色装饰边。排版采用了1952年大卫·金德斯利（David Kindersley）为英国交通运输部设计的非常贴切的"交通运输部衬线（MoT Serif）字体"，[这个字体在英国许多城镇和城市使用，包括剑桥、米尔顿凯恩斯（Milton Keynes）、拉夫堡（Loughborough）、科比（Corby）和朗科恩（Runcorn）等］，该市的名字以一种类似装饰性的简体黑体字风格出现。与威斯敏斯特市相对简单的街道铭牌相比，此排版有着多达四种类型的字体大小，邮政编码的位置显得笨拙而且经常是非对称的惯例设计，而额外的箭头则偶尔充当了画蛇添足的图形装置。总体而言，以上各种设计元素共同代表了与威斯敏斯特设计中明显的现代主义愿望的对立。

威斯敏斯特市街道铭牌设计的吸引力体现在它被改编和采用的方式上，以满足文化和商业的吸引力。例如，在伦敦的唐人街，铭牌上额外增加了汉字，或者在查令十字街（Charing Cross Road）和海市场（Haymarket）等地，推广其变体升级版"剧院区（Theatreland）"版式。它们保留了白色矩形、黑色和红色配色方案以及排版的样式，一种与原始格式相同的熟悉格式。

威斯敏斯特市街牌的吸引力如此之大，以至于100多家公司引用了这一设计，模仿了它的基本排版形式，但是往往未经版权方同意。因此，威斯敏斯特议会在2007年以5万英镑的价格购买了铭牌的设计版权，目的是以收取许可费的方式，来确保该设计在必要时受到保护。之后，基于该设计的改编满足了电视公司、房地产代理商、酒吧、商品销售、戏剧制作的需要，也适应了客房标识、时尚产品甚至冰箱贴［在伦敦交通博物馆（London Transport Museum）售价2.99英镑］的需要。伦敦的另一个自治市也采用了同样的设计模式，在曼联的球队纪念品销售中，球队的队徽反而是为了衬托球队的地名老特拉福德（Old Trafford），球场名称和邮政编码用醒目的红色标出。相比之下，另一个用于小型住宅开发项目"阿比缪斯（Abbey Mews）"的简单模仿版本中同样使用了相同的黑红无衬线字体，足以唤起对原版的追摹愿望。在伦敦自治市，人们很容易就会发现纽汉区使用了此设计（Newham）的追摹版本，排版上面的位置名称被一个夸张的空间分割开来，将单词"维斯特菲尔德（Westfield）"与单词"大道（Avenue）"隔开，邮政编码放置在右边。即使就像另外一个例子——哈伯勒市场（Market Harborough）的路易莎酒店（Louisa s Place）的招牌一样，虽然所使用的字体被改成了衬线字体，但与原版的相似之处依然存在。

两个铭牌设计经久不衰的吸引力，在一定程度上反映了威斯敏斯特市议会承诺的一项规范，即指导伦敦金融城公共领域的所有干预行动。该准则指导街道标识装置和铺装材料的选择、设计和摆放，遵循以"质量"为主题的十个简单规则：质量、耐久性/可持续性、字符、杂乱无章、连续性、控制、语境、协同配合、一致性以及珍惜。这些规则确定了高质量的组件、材料、方案设计、实施、细节和维护，并支持着长期而持续的质量相关的议程日程。

这个铭牌被认为是战后英国最好的标志之一，但它在自治市的文学作品中具有标志性地位的原因尚不清楚。原因之一有可能它是现代设计的一个典范，因为它的视觉品质可以追溯到20世纪初的现代艺术设计的历史核心，与那个时期相关的价值观贯穿于该项设计中，该设计在半个世纪前首次应用之后仍在使用。今天，该基本设计也在参与着日常生活，它所具备的三个特质使其被广泛地模仿和重视：它的视觉清晰度、它作为视觉文化的一个对象、它的存在感和商业吸引力，这三个特质也令其原始设计具有其法律地位。另外造就其地位的其他原因甚至超出了其标识设计本身。例如，主要采用了隐藏式固定装置进行表面安装，从而避免了街道的杂乱，这一设计从自治市镇曾经偏爱的黑色街道标识装置中脱颖而出。其高度一致的应用方法，在很多地方重复使用的实施细则，增强了它的连续性。但是，铭牌也是一个悖论。它在20世纪60年代末实施后，取代了很多冗余的标识，其中的一些旧的街道标识同样清晰，另一些则不那么清晰。

威斯敏斯特市街道铭牌的系统性质展现了视觉设计最擅长的内容：将人、主题、物体和想法与地点、空间联系起来，这个现象可以追溯到一个冰箱贴形式的当代视觉文化对象，也可以追溯到一个城市自治市镇规模化的街头标识装置，再往前追溯至欧洲现代主义的起源。自20世纪60年代确立以来，至今仍然以五十年前确立的原则为基础的视觉设计在五十年后持续得到应用。这意味着这一基本设计原则的持久性，抵抗不必要的变化，在空间尺度上高度重视身份、结构和意义，这可能是以前在确定某一区域的道路标识设计中未曾见过的。更重要的是在视觉设计中对定义属性的再使用，如使用着有数百年历史的字母系统，这是一个回收再利用和挪用的范例，通过文化与商业的融合，威斯敏斯特市的街道铭牌在不同语境下呈现出新的含义，同时又不破坏早期先锋设计师通过设计去关注、思考艺术与社会之间关系的诚恳态度。

## 总结

本章开头要求您在"脑海"中想象一匹斑马。这证明，人们首先想到的是比外形更具有独特性的黑白条纹。这意味着由于图像的图形性质——它生动的条纹使人们产生了联想。尽管这种生物特性可能与"宇宙的宏大设计"（Hawking和Mlodinow，2010）的关联性高于视觉设计，但图像的表现仍然是突出的。在整个章节中，通过将前几章中探讨的图形对象的概念叠加到林奇的关于可图像性、易识性和可见性的思想上，我们试图探讨这种独特性如何影响了城市的形象和它的元素。林奇的研究主张生动性是决定环境心理形象的一个重要因素，这将有助于对构成城市形象的要素进行分类：路径、边缘、节点、区域和地标。本章的概念与其他章节的概念叠加的基础是，本书涉及的图形交流的类型已经为理解易读的城市提供了一个有用的类比，第3章对此作了进一步的讨论，它将文字书写系统的发展与人类文明早期以及古代的城市化结合起来。这种意义上的视觉设计和城市设计已经被证明是相互促进的，并且都是城市形象的贡献者。

但是，本章指出的另外一个关键问题是语言使用上的缺乏相互理解。在本章符号（sign）和标志（SIGN）之间的区别，被解释为超越了前人的分别定义为招牌或标志的内容。虽然前者从墙壁上伸出来，但后者可能是卡尔维诺（Calvino）（[1972]1997：13-14）所承认的"沙上的足迹说明曾有老虎经过；一片沼泽说明有一股水流相通；芙蓉花意味着冬季的结束"。对符号敏感的人来说，这种模棱两可是一种干扰，符号和尺度之间的关系进一步加剧了这种干扰。帝国大厦是一个标志，但不是招牌，它也被用来解释符号（sign）和标志（SIGN）之间的区别，以便引入符号学的视角，这个问题将在第6章进一步探讨，试图在同一词的这两种截然不同的用法之间找到一个中间的空间[摩勒如普（Mollerup）的研究中的"资本化便利性"是不够的]，通过借鉴了一些熟悉宏观微观分析的学科知识，建立了介观对象的概念，从而引入了一个新的视角。这是不同对象综合成一个更高的单位的意义，而不是仅仅停留在较不可见的宏观微观状态。本章使用了一些示例来说明这个概念，以强调当图形对象的排列作为定义属性一起工作以形成构型模式时的状态。

本章展示了一个单一的图形对象，如果始终如一地应用就可以使一个城区空间化并统一化。威斯敏斯特市的街道铭牌使用了新宿街景中没有的物体标识了这个城市。为了与铭牌的日常本质保持一致，这个案例解释了如何通过空间的组织来划分标志边界的过程，并且举例说明了城市图形对象如何调节和照亮空间的前后变化。此外，对空间的更广泛的理解将威斯敏斯特市的街道铭牌作为一种空间实践，对应了列菲伏尔在第2章中所提出的空间实践理念。铭牌是生产和复制的对象，似乎促进了城市的连续性和凝聚力以及能力和表现。在这个城市里，没有一个设计对象是单一由建筑与环境的专业人士设计的，例如白金汉宫、牛津街、莱斯特广场、海德公园，这些建筑及空间定义了整个威斯敏斯特城的形象。威斯敏斯特市的街道铭牌上是如此，然而，与伦敦这一地区的任何其他城市相比，铭牌确实提供了一个统一的标签，它是城市景观中一个恒定不变的元素，可以在路径和边缘作为节点和地标以及进行定义某一区域。

在本章中，因为林奇对易识性的关注，所以他对城市图形类比的应用以及他对城市形象及其要素的关注是恰当的。尽管林奇的观点后来受到了批评，他本人后来也对易识性的重要性提出了质疑（Carmona等，2010：113-17），由于他对隐喻的运用太过于诱人，以至于大家无法忽视他对城市环境理解的视觉设计立场。易识性是一个既定的原则，在字体、排版和视觉设计以及城市设计中都有很好的理解，它是一个一般的概念，它被定义为手写或印刷要足够清晰以便阅读，后者起源于拉丁语"legere"：阅读。跨两个学科使用该术语的一个主要关键区别在于应用的规模，即可读对象有可能是一个字体形式，也有可能是一个城市。易识性是一个有意义的术语，它可以向上或向下扩展。由于在使用中有一个共同的接受度，这与在此提出的论据高度相关。建筑与环境设计的专业人士将其与林奇关于城市的视觉形式如何有序和易懂的想法联系起来。而视觉设计专业人士则将其与字体和版式设计联系在一起，还有一些清晰易读的东西，例如高速公路标志上的字体或经过了完美设计的一本书的页面。

虽然林奇的想法出现在五十多年前，但除了与寻路和指路相关的思想外，对视觉设计的影响还远远不够。考虑到这一点，下一章将探讨城市图形对象如何适应更现代的探讨，比如城市设计的视觉维度的城市设计框架，以及这如何有助于亚历山大研究的模式语言概念。亚历山大的研究成果出现在20世纪70年代末，其通过一系列模式来处理城市设计运作的规模，这些模式虽然以独立形式呈现，但它们在彼此之间的关系中却是最好理解的。这推动我们在追求更好理解的过程中从整体上考虑各个方面。视觉设计尚未作为提升价值的一部分认真考虑，尽管它作为综合实践的产物是通过使用一些理论家对城市设计、心理学和哲学的类比来帮助建设对于公众来说更好理解的城市。

# 5

# 模式

"如果整体是一个卡车司机加上一个交通标志，那么这个标志的图形设计必须符合司机的视觉要求"。

亚历山大（ALEXANDER），1964：16

## 简介

城市形象及其要素在城市设计中具有举足轻重的意义，然而，它们与城市设计的感知维度的联系更加紧密（Carmona等，2010：112-17）。本章内容关于城市设计的视觉维度，我们通过关注由亚历山大称之为整体中的形式和文脉之间的关系，探索作为城市设计的视觉设计的视觉美学，以及如何用后来被称为模式语言的语言来理解这种形式，（Alexander等，1977）。在第4章所介绍的例子的基础上，两个模型解释了形式和语境的关系如何与林奇对身份意义和结构的关注产生关联。进一步的例子说明，当文脉中的环境变化受到当地压力或自然力量的影响时，新的整体是怎样出现的或者无法出现的。两个案例研究扩展了两种模式语言，即道路交叉口和装饰，这为解释日常城市图形对象的更广泛的文脉提供了机会。我们将看到不是很显眼的"斑马线"，以及与里斯本和圣保罗的地面环境相关的更加令人愉悦的视觉品质，引导我们将视觉美学与视觉文化联系起来。此外，本章回应了有关城市设计的书籍在描绘的全景图中忽略文字、图片和图形的担忧，这方面主要的著述来自于亚历山大（Scollon和Wong Scollon，2003：144-45）

将图形对象标识为城市对象，通过历史追溯它们的存在，探索这些如何与城市形象相适应一直是我们目前关注的问题，其目的是使城市思想家对所谓的"其他城市对象"的描述更加具体。在这一点上，我们试图将城市图形对象与设计更紧密地结合起来，这样，城市设计中的图形设计概念就能更有力地实现城市设计的目标：一个建造更美好的宜居城市的过程。

通过建立城市图形对象的概念，区分了城市对象中可能代表任何城市元素的图形对象。因此，图形对象驻留在城市对象中，并且视觉设计可以在将前者定位于后者的清晰的标量关系增强了城市设计。之前已经讨论过这个概念的范例，例如纪念碑上的雕刻铭文、交通环岛上的人字形地面铺装，体育场馆门上的活动标志、环绕摩天大楼或街道铭牌的立面图案。这些设计的特点与任何其他学科一样，都是视觉设计的产物，都渴望为城市设计的视觉维度作出贡献。

在第3章的最后，我们对城市设计的形态维度、感知维度、社会维度、视觉维度、功能维度进行了探讨，结果表明，除了形态维度外，城市平面对象显著地偏离了城市设计的大部分维度和设计语境。无论以何种形式出现和存在，视觉设计都能完全嵌入多层次的城市环境设计中，但它在仍然在很大程度上被忽视，人们没有足够的时间和兴趣去理解它的存在，前几章已经清楚地证明了这一点。由于城市设计的范围是如此广泛，视觉设计主要是隶属于艺术设计学科范畴（至少在名称上），本章将把重点放在城市设计的视觉维度上，以更加紧密、更深入地去探索作为城市设计的视觉设计。

## 视觉维度

城市设计的视觉维度由空间和视觉品质以及人工制品构成。从这个意义上说，空间品质不同于且更符合第1章中引用自地理学定义的社会维度对社会和空间的认知方式。我们现在关注的是人工制品的性质，或者是空间中有助于城市设计的视觉维度的视觉元素，以及这些元素中哪些表现出某种形式的图形传达。这包括一些城市设计的视觉维度的特征，如纪念碑、外立面、地面环境、街道设施和景观美化（Carmona等，2010：184-200）。在基本的层次上，就它们如何结合图形元素而言，这些都是不言自明的。一座纪念碑通常至少会展示一些文字，有时会与雕塑元素相结合（比如凯旋门）。立面可能包含了类似在巴塞罗那高迪建筑上看到的那种触觉和装饰材料，地面环境也可能是独特的，例如许多明显具有地中海风格的公共场所的黑色和白色图案的鹅卵石铺装，街道设施在方向标志、护柱或公共艺术中包含了复杂的多样性，园林绿化可包含用于汽车、自行车和行人的不同纹理表面的、软的和硬的方法所进行的色彩斑斓的花卉景观绿化设计。总的来说，卡莫纳等人对这些为美化市容的所有平面物体编制目录的问题的描述其实并不充分（2010：196-97）。街道标识设施因其所代表的多样性而被称为最不恰当的名称（例如，街道标识设施的公共艺术范围也会包括雕塑和涂鸦）。通常与东方城市相联系的标识数量更为丰富，相比来说欧洲城市的标识方式就较为温和，在欧洲路桩就是一个极具特色的将车辆与行人分流的示范代表。所有这些都提供了一种具有高度选择性的分类方式，但是它与本书中迄今为止所确定的对象的范围仅有部分的相似之处。

从视觉设计的角度来识别城市设计中空间的视觉元素，如果要从这个角度来充分理解城市设计的视觉美学维度，则是一个更加复杂的挑战。永久性的和半永久性的对象，如公园运动场上的标记、为视力障碍的人设计的有突起纹理的地面、照明装饰、灌木修剪、用于庆祝特殊场合的红地毯、标记障碍物的警示带，或街上穿制服的工人，都是城市视觉美学的一部分，见图版10。

因此，正如现在应该清楚的，构成城市图形对象的事物的多样性比在城市设计文献中描述的要广泛得多。因此，对城市对象中图形对象集体的理解是高度碎片化的。我们已经在第1章中讨论过，试图确定视觉设计的本质，要么过于狭隘，要么包罗万象，要么基于个人的理解，要么来自视觉设计师的说法。这些更多地基于专业实践，而不是本书中提供的进一步解释。这意味着在卡莫纳等人（2010：170）强调"模式和审美秩序"的重要性时，由于在城市的传播功能中，图形对象在很大程度上被忽视，如前所述，他们的描述受到了限制，从而产生了误解。为了简化这一点，并努力对图形形式和城市文脉关系有一个更全面的理论方面的理解，将使用完善的城市设计原则来解释图形干预，如下所述。

## 形式和文脉

在本书中，我们尝试将图形对象置于它们在视觉设计的历史和城市设计文献中被描述的状态之外，而不仅是在图形设计历史和城市设计文献中描述它们。例如，图拉真纪功柱铭文是图拉真广场的一个虽然小却十分重要的部分，因此两者之间的关系被低估了。我们还看到了图形对象如何主导城市环境以达到视觉和心理的饱和，这就像在东京的歌舞伎町区一样。与之形成鲜明对比的是威斯敏斯特市街道铭牌，它更稳重和更挑剔地定期提示了该市的地区身份。如第2章所述，这为列斐伏尔对空间的表征和表征的空间提供了另一种解释。有序的威斯敏斯特市街道铭牌是空间的一种表征，而歌舞伎町的图形形象则定义了一个包含多种复杂象征主义的具象空间。

这些对比鲜明的图形对象在城市环境中的例子可以简化为被亚历山大（1964：16）定义为一个"包含了形式及其语境的整体"。虽然形式和语境是相对直接的术语，但戴维斯（Davis，2012：57）重申了它们对视觉设计的重要性："形式（关系映射）是由我们塑造的，语境是各种因素的综合体，确定了适当的形式的性质。"这基于亚历山大的观点，即设计的基本目的是形式，而形式即意味着模式或系统。我们使用"对象"来表示可见或有形的东西，但这也可以用亚历山大所使用的形式来表示"模式"，我们将在下面详细说明。亚历山大所谓的"整体"是指将我们带回城市设计的视觉维度。根据亚历山大的说法，一个整体会被解释为：一套西装和领带、国际象棋中某一棋招儿的恰当性、一首音乐作品、一名卡车司机与一个运用了"视觉设计"的与司机的视觉能力相符的标志（Alexander，1964：16）。在所有这些场景中，形式和语境之间的适当性由契合度——即形式与语境关系的适宜性或对象性所决定。

领带是否与西装相配的问题归根结底是一种协调的感觉。通过定义和重新定义，更改和多重语境必须解决的问题形式对形式提出要求，就会发生良好的契合。"设计问题在于，……解决方案必须对应具体的可以从各种的尺度或角度并跨越时间进行观察的人类动机、活动、条件和环境"（Davis，2012：57）。换句话说，环境的变化影响了形式，决定了两个实体之间的适合度的一致性。当形式满足了语境的各种需求时，就会产生良好的匹配，而要实现良好的匹配，必须将形式和语境统一起来。总之，亚历山大（1964：16）证实了这一点：

> 形式是世界的一部分，我们可以控制它，我们决定塑造它，同时保持世界的原样。语境是对这种形式提出要求的世界的一部分，世界上任何对形式提出要求的都是语境。适应度是这两者之间相互接受的关系。在设计问题上，我们希望满足两者相互之间提出的共同要求。我们希望将语境和形式置于轻松的接触或无摩擦的共存之中。

将这一理论应用于前面的例子中，出现了两个截然不同的集合，形式和语境之间的不同关系，影响了城市形象的身份、意义和结构。威斯敏斯特市街道铭牌通过服务于新旧需求，在许多个层面上符合其语境。最有意思的是它命名了道路，但它也代表了与邻近市镇的渗透性，以及适应当地文化的变化（如唐人街和剧院）。它在空间上统一了区域，标志着方向在关键时刻的改变并脱颖而出。所有这一切都是作为一个相对小规模的对象实现的，以有规律的间隔散布在整个地区，通常在每条街道的尽头，但有时也会沿街散布。此外，伦敦作为主要的首都城市，提供了适应不同经济需求，超越区域地理边界的文化内涵和商业吸引力。它的一贯的应用决定了在加强地区身份时，威斯敏斯特市的任何一部分都不会有所优先，在这一点上商业气息更浓的牛津街（Oxford Street）和住宅气息更浓的公园街（Park Lane）都是一样的。

另外，歌舞伎町区的大量灯光标志表明了它是新宿的娱乐区。无论白天还是夜晚，沿着歌舞伎町一番街漫步，就能看到共同构成了一个独特的区域形象的一系列标志，白天形成了视觉形式的多样性，而夜间通过照明成为主导性的视觉美学。东京旅游观光局将歌舞伎町一番街称为"电器街"，在新宿站的入口处，"鸟居"将红灯区和娱乐区的边界定义为一个节点和地标，一系列的标志定义了该街道的主要活动。由于图形形式的多样性融入该地区的标志性空间特征中，与新宿区其他更广泛的区域没有视觉联系，比如说北边相邻的韩国城，以及新宿站西侧的东京都厅办公大楼（Metropolitan Government Building）。在歌舞伎町中，图形形式在一个娱乐业中起到了娱乐、吸引和影响观众的作用。它们提供了一个无所不包的视觉刺激层，达到了没有其他的城市对象，例如建筑物能够争夺注意力的程度。除了定义道路、边界或节点，这些形式的图形传达或"适当的论述"（Scollon和Wong Scollon，2003）划分了一个广泛的范围，在某种程度上，是一个感知维度比视觉维度更加重要的区域。一个地方的感觉取决于综合图形形式的程度以及它们不同的语境需求，甚至包含城市文脉。这两个例子都可以用图5.1所示的模型来解释。这些说明了形式和语境的关系是如何工作的，既有效实施了威斯敏斯特市的街道铭牌，又在歌舞伎町任意地应用了照明标志。

也就是说，视觉—美学的考虑并不总是要求与周围环境在视觉关系和谐的意义上达到"良好的契合"。林奇的成像性概念所要求的独特性和显著性，意味着一个物体最初可能在视觉上不匹配，但当以其他不那么明显的因素来判断时，却能很好地匹配。这被定义为理解和夸大意图之间的连续体（Harland，2015b：94），所以在视觉效果方面，前者非常适合，而后者则不那么合适。

通常情况下，图形对象必须从其语境中突出出来，特别是当其为了满足商业目标时，快餐店的招牌通常就是如此。例如，麦当劳的红色、白色和黄色的招牌在20世纪后期无处不在，成功地装点了全世界的城市环境。对于麦当劳来说，这与他们的全球化战略非常契合。然而，一些人则认为它不符合当地的视觉美学重点。例如，1986年麦当劳在罗马的西班牙广场（罗马历史最悠久的广场之一）开设了他们的"首家餐厅"（il primo ristorante），但由于当地的阻力使得麦当劳将招牌安置在广场的另一侧，并且相当不起眼。青铜色的招牌颜色与建筑的外立面相得益彰。与其他的标识广场的更稳重的标牌相比，它显得格外引人注目，但是从更广阔的视角看到它反而是退入了建筑的外立面，然而具有讽刺意味的是，当地"禁入"这样花哨的监管标志反而具有优先权。此外，在靠近麦当劳的地方，有很多麦当劳的方向标志，用人们熟悉的红、白、黄三种颜色标示着你就在餐厅附近。在这里，以麦当劳为例，设计语境的"适合"通过在产品组合中引入对传统的关注，来对抗"不适合"。但是，当你从相反的方向看广场时，就不会有这样的担忧了，颇具讽刺意味的是地铁的标志"M"完全阻断了远景！参见图版11。

麦当劳的红、白、黄三种颜色的招牌对周围环境，以及包括对其他图形对象的适应性极强。它在一个通常不熟悉敏感历史文脉的整体中恢复了良好的契合度。西班牙广场的环境要求图形形式适应新的整体，如图5.2所示。

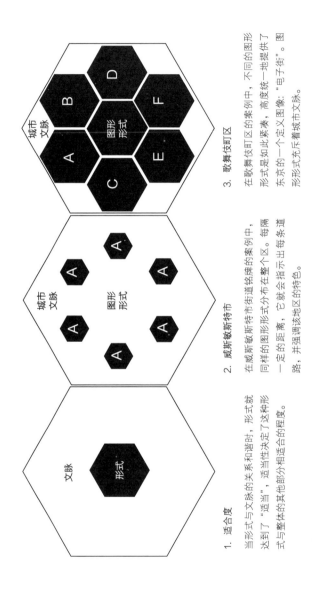

1. 适合度

当形式与文脉的关系和谐时，形式就达到了"适当"，适当性决定了这种形式与整体的其他部分相适合的程度。

2. 威斯敏斯特市

在威斯敏斯特街道铭牌的案例中，同样的图形形式分布在整个区。每隔一定的距离，它就会指示出每条道路，并强调该地区的特色。

3. 歌舞伎町区

在歌舞伎町区的案例中，不同的图形形式是如此紧凑，高度统一地提供了东京的一个定义图像："电子街"。图形形式无不昭示着城市文脉。

图5.1 形式和文脉的组合

亚历山大对形式和文脉的解释适用于威斯敏斯特市的道路铭牌和歌舞伎町区密集的灯光招牌。

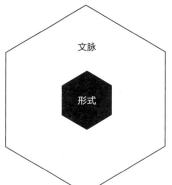

1. 适合度

当形式与文脉的关系和谐时，形式就达到了"适当"，适当性决定了这种形式与整体的其他部分相适合的程度。

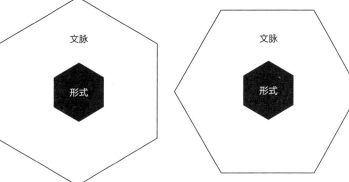

2. 不适合

当环境发生变化，形式不再适合环境时，形式的"不当"就会发生。然后，不恰当导致了对于形式如何与整体的其他部分相适合的理解存在困难。

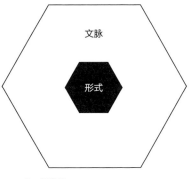

3. 新整体

当出现对形式提出新要求的问题时，通过使形式适应文脉的变化来恢复"适合"。适当性继续决定着这种形式在多大程度上适合整体的其余部分。

图5.2 发展出新整体的适合度

当与文脉相关的新问题出现时，如果形式不当，就会发生不适合，在一个新的整体中，当形式发生变化与文脉保持一致时，就会恢复适合。

决定良好契合度的变量是无限的，我们专注于一些引发视觉美学考量的变量，专注于影响我们对地点和城市图形形象的视觉感的对象。适当和不恰当之间的连续关系可能是微妙的或显著的。例如，在公共建筑物上的两种类似的铭文应用，对文字表面的日照程度和影响易识性的阴影程度的反应有所不同。图5.3显示了东京医科大学医院的铭文比芝浦工业大学（the Shibaura Institute of Technology）的铭文更加合适，因为前者的图形背景的对比度较大——只有在日语字符内的部分空间因阴影而模糊不清，而罗马字母是完整的。在芝浦工业大学的铭文中，虽然较大的日本字得益于太阳光的照射，但是较小的字和罗马文字都被阴影和背景之间的强烈对比所遮蔽。在这些情况下，虽然作为恰当设计的一部分，天气条件还是未得到充分的考虑。

在一个整体中，形式和语境之间的交换在一定程度上解释了对象为何以及如何看起来是现在这样的。虽然我们之前已经提到了展示某种形式的图形传达的对象，但我们还没有能够将其构建为系统本身，并且与其他系统相关。这就是亚历山大在将形式称为模式或系统时所做的阐释。城市图形对象也是一种模式，它不仅具有图形语言的功能，还兼具模式语言的功能。

## 对象模式

"模式"一词总是意味着规则的形式、设计、计划、原型或规则性。亚历山大等人（1977）使用这个词来定义解决设计问题的形式或系统。这些是所有城市问题的解决方案，他们提出了253种模式，共同形成了一种模式语言和对一个区域的可理解的描述。在最大尺度上，一个模式包括一个独立的区域或城镇的分布，相比之下，最小的模式详细描述了我们在家时周围的个人事物。因此，从第4章所探讨的概念中汲取的经验模式是在宏观、中观以及微观结构中连接到其他模式的实体，这些模式可以表示部分或者是整体。

城市图形对象即符合此描述，但亚历山大等人解释什么是模式语言时并没有解释清楚，只有"十字路口"和"装饰"与我们的意图一致。根据某些标准，这两种情况都属于一个范围的两端，这个范围决定了模式是否成功。253个模式中的每个模式都评估有两个星号或者一个星号，或者没有星号（其中两个星号是最成功的，没有星号的是不成功的，并且还得需要其他的解决方案）。在他们对与道路交叉口相关的设计问题的评估中（没有星号），他们的建议是不成功，而他们对装饰的评估（两个星号）是，它"是一个良好环境的深层次的和不可或缺的属性"（1977：xiv）。

**图5.3** 天气对字体形式的影响（日本东京，2013年）

这两个建筑铭文都没有充分考虑散射光和阳光直射会造成不必要的阴影。东京医科大学医院由于有更好的"图形—语境"的对比，更接近"较高的适合度"，但芝浦工业大学的铭文则更缺乏适合性。

伴随每个模式的是系统的原型照片。这张道路交叉口照片展示了人们熟悉的长条状白色矩形的特征（在英国被比喻为"斑马线"）。装饰则被描述成外部带有抽象窗口饰边的巨大的星形的两层住宅的建筑外观。

在讨论城市设计的视觉维度时，卡莫纳等人（2010）忽视了城市中无处不在的交叉路口和装饰物，它们隐含在关于立面设计和地面环境的讨论中，但这些是城市文脉中关于图形形式的两个更明显的例子，值得密切关注。为了证实这两点，我们接下来将会讨论与过马路相关的视觉象征是如何得到高度认可的，以及装饰是如何不只是用来装饰建筑的。这两个例子都着重于"硬"的具体的地面环境，但需要说明除了是简单的安排，以及与其他材料和景观特征的相互关系之外，它们已成为我们城市视觉文化不可或缺的一部分。

## 道路交叉口（斑马线）

亚历山大等人（1977）将与道路交叉口相关的问题定义为汽车之间的物理差异、它们的重量、速度和与人相比的潜在故障之间的对比。"除非司机刹车，否则无论画多少条白线、人行横道、交通灯、按钮控制的信号灯，都无法完全改变重达一吨或更重的汽车会碾过任何行人，这是事实。（1977：281）。"他们提议的解决方案既"不常规"而且不令人满意——是在道路两侧各设置一个"关节"并在每个方向将车道宽度缩小到单个车宽，并在其间增加一个交通岛。此外，建议将行人过路口地面抬高12英寸（约0.3米），以1：6的坡度将道路倾斜至该水平，并设雨棚或遮蔽物，以提高其能见度。他们认为，这只能在"非常需要"的地方实施，并且具体提及了应适用于有几条车道无法通行的宽阔道路。有证据表明，自那以后的几十年里，很少有地方实施了这一政策。

然而，在东京和圣保罗这样的大城市以及在巴黎错综复杂的街道交汇处，大量的白条纹表明，一种图形化的解决方案已经成为常态。这些都根植于人们过马路的心理形象和象征意义中，甚至他们自己准备实施干预措施，并且必要时自己亲手绘制白条纹。例如，2013年7月11日星期四，有一家当地报纸刊登了一篇标题为"在繁忙街道上的假斑马线"的新闻（O'Pray，2013）。故事描述了当地居民拍摄的一张有特色的照片，照片上有五个白条纹和五个画在车道上的不完整的白色矩形轮廓，还有一个人从车道的一边走到另一边。在"自己动手"过马路的同时，还附有一个标语，上面写着"学校的孩子平日上午8点40分至9点过马路"，强调了对儿童安全的关注，要知道这附近有一所供11岁及以下儿童就读的小学。第二天，这些白条纹就被匆忙地刷掉了，其原因正如文章所述，在行车道上乱涂乱画是违法的行为。这则新闻除了表明当地居民积极参与交通管理的意愿，它还体现了斑马线作为一个安全的十字路口标识的价值，在这里，人们可以理解形式和环境，还可以观察当地的风俗习惯。

正如第3章开头的思想实验所提示的那样，斑马线是一个普通人就可以画出它的全貌的简单图像。它是一个无处不在的城市平面形象，也是亚历山大等人的原型道路交叉口图案照片中最明显的界定形式。然而，他们一方面忽视了白线、交通灯和按钮操作的信号，另一方面更倾向于物理干预，包括为了迫使汽车减速而在十字路口抬高路面。但如今，考虑到东京或巴黎等城市的步行节点的数量，这些建议其实是不可行的。

斑马线［英国首相詹姆斯·卡拉汉（James Callaghan）在20世纪70年代曾这样称呼它］的基本视觉形态，最明显的特征是行车道上平行的纵向条纹。通常是漆成白色的路面，可能偶尔根据周围环境调整为其他颜色的组合。它意味着一个安全的道路交叉口，提示行人优先并警示驾驶者注意行人。自20世纪40年代末英国政府的道路研究实验室（RRL）设计了这个交叉路口以来，它一直是城市环境的一个特征。报告显示，早在1951在全国范围内实施之前，它最初于1949年曾经设置在了1000个地点，之后很快在全球被广泛采用，并被用于机场、停车场和建筑物内的其他应用场合。从世界上主要的首都城市到小村庄，白条纹序列的含义是相同的，并且使用范围广泛，它们以一种或多种形式出现在大多数居住地类型中，可能只有孤立的居住地和小村庄是例外。

在英国，斑马线的外观是通过一个基本的图表来规范的，这个图表决定了它的应用标准，如图版17所示。这一细节不仅包含详细描述其名称的黑色和白色矩形条纹，也有定义让路位置的短线条和其他线条的交通处理（配合具体情况使用），路的两边都使用了立柱和广为熟悉的橙色球体，如图版18所示。在其他地方，如东京和圣保罗，悬挂在十字路口上方额外的图形元素为司机提供了额外的信号，如图版19所示。在英国的应用情况大体上与上述图表的要求相符，尽管法规允许一些可能出现的变化。在世界范围内其偏差则更为明显，各种元素的排列可能会根据当地情况进行调整，如图版20所示。无论其多么地临时，多么地不规则以及设置不当，其不变的特征是黑白相间的条纹，对行人、骑自行车的人和车辆来说，它们象征着道路的交叉点，如图版21所示。实施范围很广：该设施必须应对繁忙的交叉路口的苛刻要求，例如在纽约的时代广场，横跨行车道的宽度而非长度的扩展，覆盖了整个交界处的不规则的形状，当出现在暗淡的路面上时，白色矩形与黑色的结合，并与其他道路图形装置相结合。但是如果不进行维护，绘制的形式往往会减缩，就会变成"幽灵"交叉路口。但是，当使用对比材料集成在硬地面环境中时，其耐用性与当地环境会非常匹配，如图版22所示。

香榭丽舍大道（the Avenue des Champs-élysées）就是一个很好的例子，在凯旋门（Arc de Triomphe），宽阔的人行道融合了基本模式的低调版本，相比之下，作为环绕凯旋门的三个同心"项圈"的一部分，大道的路面更倾向于耐用的白色粉刷交叉路口，如图版23所示。

在英国，关于斑马线的有效性观点随着时间的推移而变化，一些人认为，在整个使用期间，它挽救了生命，并为道路安全做出了宝贵的贡献。然而最近，据说由于司机不愿在没有红灯的情况下停车，导致了死亡人数的增加。因此，现在认为只设置白色条纹是不够的。在其整个发展过程中，影响行人行为的附加图形装置在不断增加。在1934年的英国，安装的杆式橙色球体和金属立柱足以指引英国的行人过路口，但是这些装置对于驾驶者来说却是不易察觉到的。因此，交通部对蓝、黄、红、白相间的条纹进行了测试，最终确定使用40~60厘米宽的黑白相间的条纹。

矛盾的是，意大利等其他国家也使用彩色变体，如图版24所示。另外，白色条纹与其他地面颜色结合，形成其他用途，如图版25所示。然而，一些景观建筑似乎完全将该设施整合到车道设计中，以符合整体交叉口布局或交叉点的几何形状，如图版26所示。这种精心布置也可以整合到城市设计与开发中，并在其他无关紧要的环境中提供一个受欢迎的景观焦点。在这种情况下，附加的图形元素也增加了人的存在感，如图版27所示。虽然这些方案似乎将十字路口精确地整合到地面环境中，但行人从人行道到街道的过渡也可能通过对两个表面图案的一致或相似使用而得到增强，如图版28所示。然而，在其他交通安全可能更为重要的地方，白色（和黑色）交替矩形的独特性需要设置得更能引起行人的注意，尤其是在成人与小孩结伴旅行的地方，如图版29所示。

然而，斑马线辅助过马路的功能不再仅仅是帮助人们从A点到B点有一点安全保障，斑马线已成为一个文化地标。披头士乐队（The Beatles）的专辑《艾比路》（*Abbey Road*）的封面就是他们走在斑马线上的样子（如图版30所示）；再比如巴黎的激进分子将诗文印在上面（Anon, 1997: 14），它是电影《巴别塔》（*Babel*）中的场景，它也是东京最著名的旅游景点之一；比如在涩谷十字路口，限制通行的线路几乎无法有效地控制行人，如图版31所示。

漆成白色条纹的地面环境已经成了道路（行人）交叉的同义词。它首先是一个重要的图形解决方案，一个图形元素和城市元素嵌入人们的脑海中，以至于大家认为它不仅可以解决超速驾驶汽车问题的方案，而且具有了更多的内涵。它已经成为城市视觉文化的日常组成部分，以至于有些人觉得要把它画出来，并且非常强烈地希望在车道上画出自己的版本，如图版32所示。

# 装饰（作为统一）

亚历山大等人（1977：1147）将与装饰相关的问题定义为人们装饰环境的本能。这是符合两个星号标准的模式之一，这意味着它是一种基本的模式语言。他们的建议是使用简单的重复主题来强调过渡和边缘的装饰，这些主题统一了其他单独的实体。该原理用并排放置的两个基本图形表示，左边是两个相邻的垂直矩形，中间有一个狭窄的裂缝。接下来是相同的布置，但穿过这个裂缝，在对称布局中将单个重叠的心形切割成一个个矩形。心形成为关注的焦点，它的形状传达着一种统一的行为。这种感情是很容易理解的，因为它是一个数百万人都可以识别的形象———一颗心代表着爱。随后附加的文字解释说，"装饰在建筑、房间和公共空间等环境中的主要目的是使世界更完整……"（Alexander等，1977：1147）。

装饰作为一种统一的行为，其目的与路牌完成相同工作的目的并不相同，它更少关注传达信息，更多关注与装饰相关的乐趣。我们已经看到威斯敏斯特市是如何实施了一个虽然小但具有战略定位的统一路牌设计，以及歌舞伎町的照明如何融入一个单一而浮夸的融合体中，其虽然面积不大但具有强烈而混乱的气质。装饰也具有统一一个区域的能力，而地面环境是实现这一目标的一种方式。地面环境图形不仅指示了一个过马路的地方，还勾勒出一个供人们运动的场地，也反映了在视觉文化学者所谓的视觉性的审美构成中的空间关系和复杂历史（Mirzoeff，2013：xxxi），里斯本市中心和圣保罗的情况就是一个典型的例子。

里斯本和圣保罗的地面以华丽的图案和主题展示了相同的鹅卵石地铺设计，如图版12所示。在里斯本，独特的图案（也用作人行横道、汽车和公交车道的标记）广泛地为全部行人、电车和汽车的用户体验做出了贡献，通过对比鲜明的黑白配置宣告了其城市形象。在圣保罗，特别是在其历史中心附近，同样的材料和铺装方法尤其相似，因为它代表了这里所反映出的葡萄牙与巴西之间的殖民历史渊源。与葡萄牙有密切殖民关系的其他地方也存在着类似的模式，比如在澳门。

作为一种图形语言，技术和视觉美感吸引力代表了葡萄牙和巴西之间的政治结构和经济文化关系，这可以追溯到15世纪殖民主义时代，当时以西班牙和葡萄牙为首的欧洲强国扩张到了非洲、亚洲和新大陆，葡萄牙于1500年发现了巴西，并在大约30年后进行了殖民统治。从那时起，在一个以西班牙语为主的大陆上，巴西一直保持着与葡萄牙的联系。这一点在人们的口语表达中表现得最为明显，同时两国城市中心的装饰性地面环境图案也体现了这种关系。

在世界舞台上，地面环境与巴西里约热内卢著名的科帕卡巴纳海滩（Copacabana Beach）

联系起来，在这里，宽阔的人行道将海滩和道路分隔开来，它是巴西最具辨识度的形象之一，在2014年世界杯的报道中，它被用作一个关键的城市定位形象，将其目的从装饰转移到身份定位和宣传推广上。当我们为了商业利益需要推广巴西的精髓时，地面景观是我们脑海中经常浮现出的画面之一，尽管这种模式是典型的葡萄牙风格，见图5.4。

图5.4　马里布在斯堪的纳维亚半岛与科帕卡巴纳海滩相遇（瑞典于默奥，2014年）
这个在斯堪的纳维亚机场的利口酒"马里布"的促销活动是通过科帕卡巴纳海滩与葡萄牙地面的景观相配合来展示的。

## 总结

　　这一章我们讨论了城市平面对象的定位与最近对城市设计的视觉维度，尤其是视觉美学方面的思考有关。在此范围内，对形式与语境之间的关系进行了阐释，城市设计视觉维度中突出的图案与审美秩序可以追溯到对图案语言的早期阐释，也可以追溯到设计中形式与语境的早期阐释。我们已经看到了，构成模式语言的易错模式是如何需要新的视角的，这比有形的基础设施更重视象征意义，道路交叉口就是一个明显的例子，以及装饰等基本图案是如何适应多种功能并表现出多种装饰的。装饰性的图像也会迁移并具有不同的含义。显然，图形对象除了满足并超越了令人满意的倾向以外，还可以满足更广泛的功能，这将是下一章的主题，即阐明城市图形对象作为一种表现形式具有什么样的目的。

# 6

# 表象

符号只能表示对象并讲述它。

皮尔斯（PEIRCE），引自布克勒（BUCHLER），1955：100

## 简介

第6章开始了一个将城市图形对象组合成某种类型学的过程，以匹配城市设计中所做的工作。在本书中，它比以往更有意识地将视觉设计的立场叠加在城市设计四种核心类型之中的三种上。如果在没有各种理论观点的情况下更早地这样做，就会忽略掉为本章提供基础的一些有用概念。除了视觉设计之外，这些视角不会被广泛地涵盖，但足以帮助我们建立起城市物体中图形对象的基本理论。通过与前几章一致的照片文档所证明的，本章出现的是视觉设计产品形成一个城市设计层的方式，以促进人们与环境互动的方式。

本章提出了如何使用语言来解释城市图形现象的问题。从图形设计的角度来看，由于与图像和符号（和对象）等特定单词相关的多重含义，当前的话语远远不能令人满意。虽然这些词语促进了理论论述，但它们阻碍了观念向实践的转化，阻碍了视觉设计向更广泛的实践共同体和更严肃的学术追求的发展。对同一词汇用法的歧义不利于跨学科的论述。例如，在符号理论中，对于"符号"这个词的使用，即使是符号学家也无法做到完全的一致和恰当。

因此，本章的主要目的是开始弥合类型（在类型设计意义上）和类型学（在城市设计意义上）之间的鸿沟，并为更好地理解视觉设计产品和城市设计的本质奠定基础。

## 从排版到类型学

我们之前已经讨论了页面的设计是如何为理解城市设计和现实空间提供了类比。以类似的方式，印刷字体的研究为我们提供了类型学这个词，该词意为组织系统的分类或分类和隐喻。1845年，第一个已知的类型学用法出现，并且在该世纪中期鼓励了无数的字体创造的技术变革，以及逐渐被承认的重要性，排版设计的专业以及书籍设计，这种情况与以前由排字工和工匠进行的活动相反，如在英国和美国，类型学是在1798年创造的"原型"这个词之后出现的，代表了"从铅字表面的模具铸造的板材"（Leyens等，1994：9）。如今，类型学被应用于许多学科，如人类学、考古学、语言学、心理学、神学、统计学、城市规划和建筑学，这些都源于图形表示。虽然没有在视觉设计中得到充分利用，但自从19世纪出现字体分类和字体范围的大规模扩大以来，对字体进行分类和描述的工作一直在继续（Baine和Haslam，2005：50）。

朗（2005：xxii）解释说，"示例的分类使设计师能够参考可用的流程和产品，这些可能会用于告知他们所面临的情况以及可能的处理方式"。我们在前一章中已经看到并且早些时候注意到，可用于帮助城市设计师处理平面传达问题的信息是非常少的，我们发现这个问题在城市设计的视觉美学维度普遍被忽视。图形语言不以城镇、建筑物和构造为特征。在本书的前面，被标记为视觉设计的剖析、结构、元素、目标和效果的字母表、排版、图像、工具和学科被列为活动，但这些不被视作类型、类别或分类的框架，以这样的方式，城市设计师就可以采用和适应不同类型的城市设计。因此，在城市设计中使用的图形对象的分类问题就产生了，但是由于视觉设计是一个折中的领域，所以很难知道从哪里开始的。

形象的形象性是一个很好的点，形象的概念在当代生活中突出表现为娱乐、信息、广告、新闻、电视、互联网、电影、电脑游戏、招牌、印刷、说明书、旅游、目录、身份、品牌、化妆品、时尚等。但对林奇而言，形象意味着一种心理形象。而在视觉设计中，它通常意味着具体的东西，例如照片或插图，视觉设计师谈论着图像制作（即物理意义上的图像制作）。然而，在批判理论和美学领域中，这个词的用法已经有所不同，通过一个定义下的五个范畴将形象解释为"相似（likeness）""相似物（resemblance）"和"比拟（similitude）"：

**图文（Graphic）**：图片、雕像、设计
**光学（Optical）**：镜子、投影
**感知（Perceptual）**：读出数据、"物种"、外观
**精神（Mental）**：梦、回忆、想法、幻想
**语言（Verbal）**：隐喻、描述

米切尔（MITCHELL），1986：10

这些类别分别来自科学—人文的范畴，他们之间的区别很明显，其中图形图像是最具体的，但这种对图形图像的解释主要来自艺术史学家。

埃尔金斯（Elkins，1999：82）通过分析其中的一、二、三部分域进一步发展了这一理论：图像，文字/图像和文字/图片/符号，这又引出了一个由七部分组成的结构，即同分异构书写符号/会意文字/伪书写/亚字形/hy图解法/浮雕装饰/图解。此结构支持这样一种观点，即大量的视觉图像既不是艺术，也不是"没有艺术价值"的图片，应该更恰当地放在希腊语"语法"（"图片，文字和文章"）中或者用动词"用工具记录"（"写、画或刮"）以适应其广度。这个观点是，这些术语比"图像""视觉人工制品""文本""书写"或"单词和图像"的组合、"图片，书写和符号"以及此类别下最大的一组物体应该在"图形主义"的标题下被更恰当地描述。图片、雕像和设计是图形图像的部分写照，而设计为我们的讨论提供了足够多的理由，从而让我们从图形图像的概念中寻求答案。因此，图像构成了当代知识分子关注的一个有诸多问题的领域，一些人认为，描述图像的基本性质是徒劳的。（Manghani等，2006：3）。

缺少一个通用的图像分类系统，以及将图像作为物理和心理结构来使用，妨碍了使用林奇的可成像性概念对"作为城市设计的视觉设计"进行更好的理解，就像符号在不同学科中具有不同含义一样。与我们之前的讨论一致的是，在这个例子中，符号被解释为单词、声音或图像的通用术语，并被组织成语言，在非常广泛的意义上，这些语言还代表着面部表情、手势、时尚或交通信号灯。这个符号场景的关键性在于，表现依赖于语言和视觉形式，即描述和描绘的相似性。此外，表现也意味着与隐喻工作方式相同的象征。霍尔（Hall，1997：1-19）将其定义为两种表现系统，将世界上的物体、人物和事件，与我们心目中所指的概念、观念、想法和感觉联系起来，通过"符号"转译成语言（单词、声音或图像）——形象首先等同于语言，也是语言的一部分。

当霍尔阐明"即使视觉符号和图像与所指的事物非常相似，它们仍然属于符号时：它们带有意义，因此必须被解释"时，混乱会进一步加强（1997：19）。这里的视觉符号明显不同于语言符号，但由于符号的重要性，早期对符号双重含义的关注仍然存在。现在是研究这种二分法的根源的时候了。

## 符号学标志

在交流、意义和符号之间的关系中，符号学决定了符号被认为是构成信息的组成部分。

基本的概念是，符号是用户和它所指向的事物之间的一个中间媒介。那么，什么是符号学标志呢？

在符号学（也被称为记号学）中，有两种占主导地位的模型来自美国哲学家C. S. 皮尔斯（C. S. Peirce），其中一个是他开发了一个包含符号、用户和对象的三元模型。而瑞士语言学家费迪南德·德·索绪尔（Ferdinand de Saussure）则专注于一个统一的能指和所指的关系，一个指向另一个。因此，虽然在同一领域，符号学代表着美国分支，而记号学代表着欧洲传统。

皮尔斯的模型由三个部分——符号（或如皮尔斯所称的"再现体"）、客体和解释组成，三者相互依赖。钱德勒（Chandler，2007：29）经常在一个三角形图片中，分别指向三个组件之间的各个方向，他认为皮尔斯没有使用这种简单的可视化来表达这三个组件之间的关系。然而，在1908年，皮尔斯确实在十类符号的图解模型中描绘了对象、解释和标志（Queiroz和Farias，2014：527）。然而，这些组件已被解释为：

1. 表象：符号所采用的形式（虽然通常这样解释，但不一定是物质形式）——被一些理论家称为符号载体。
2. 释义：不是解释，而是标志的意义。
3. 一个对象：超出它所指向的符号的东西（指称物）。

钱德勒（CHANDLER），2007：29

在皮尔斯的意义上，符号结合了所有这些，而不只是符号意义上的仅仅是物质的东西，如道路标志或商店招牌。这三者都必不可少，因为符号是所指事物（对象或指示物）的统一，如何表示它（表象）以及如何解释它（解释）。但皮尔斯的解释有时令人困惑，因为他提到了符号的第一和第二优先级，例如，当他说某个"符号""代表某人在某方面或某方面能力的东西"，"它针对的是某个人，也就是说，在那个人的脑海中创造了一个等价的符号，或者可能是一个更发达的符号"。

它所创造的符号，我称之为第一个符号的解释者，在描述"符号是具有心理理解力的表征物"时，进一步使符号与外部和内部现象保持一致（Buchler，1955：99-100，原始斜体）。相比之下，德·索绪尔（de Saussure）的语言偏见将符号定义为"概念（表示的）"和"声音模式（意符）"（类似于"符号载体"），尽管声音模式实际上并不意味着物理上的东西，更多是心理上的，而且物质仅是在"感官印象"的表现上所代表的意义（de Saussure，1983：66），引用（Chandler，2007：14）。

此外，德·索绪尔的模型并没有直接解释皮尔斯所称的"表征者"。符号，在德·索绪尔的意义上，代表着能指与所指之间非物质的心理联系。"语言符号联合的并非一个东西和一个名字，而是一个概念和一个声音—图像"。"后者不是材料的声音，不是一个纯粹的物理现象，而是声音的心理印记，以及它给我们的感觉"（de Saussure，1915：66）。例如，巴纳德举了一个交通标志的例子，阐明红灯是与作为所指的"停止"这一概念相关的能指（Barnard，2005：26）。简而言之，德·索绪尔认为语言符号是一种双重心理实体，他在一幅由一条水平线分割成两半的椭圆形的示意图中表现了这一点。线的上方是单词"概念"（意指），下面是单词声音—图像（意符），两边都有箭头，一个向上，一个向下。在德·索绪尔找到更好的词之前，两者的统一是由"符号"这个词来表示的（1915：67）。

在皮尔斯和德·索绪尔的著作中，符号这个词是用来表示事物的统一，不一定是物质的统一。在皮尔斯的模型中，"表征者"一词更能有效地将人们的注意力导向去关注和离开客体，去关注和离开解释。皮尔斯和德·索绪尔在使用"符号"这一单词来表示统一的方式上是不一致的，他们对"符号"一词的重视程度都低于预期。皮尔斯用一个代替了另一个，就像在"一个符号"中，或者"一个代表人物"中……（Buchler，1955：99）。德·索绪尔承认用"符号"这个词有些困难，即使他选择保留它是为了"所指"与"能指"的统一，而不是任何其他的原因（1915：67）。因此，符号学家对"符号"和"符号载体"（作为能指或表征者）的区分证实了德·索绪尔有时用"符号"表示能指，而皮尔斯用"符号"表示表征者。

在这两种符号中，皮尔斯详细介绍了一种基于三阶符号的符号类型学。这些是图标、索引和符号，表示符号通常也是其中之一。三者之间的基本区别在于，在一个图标中，相似性在表征者和客体之间至关重要，例如，帝国大厦的照片是一个图标。一个指数是由因果关系决定的，例如，阳光照耀下的阴影。而在符号中，表征者和对象之间的关系是主观的（它不一定具有任何相似之处）并且应该是顺从的，也就是说，从解释的角度来看，它必须是社会可接受的并且适合的。例如，在我们之前的讨论中，即使表征者和客体之间没有相似之处，代表帝国大厦的帝国大厦铭文仍然被通过了。为了进一步理解，钱德勒（2007a：36-7）提供了每种签署模式的示例，如下：

● 标志性的：肖像、卡通、成比例模型、拟声、隐喻、标题、音乐中的真实声音、广播剧中的声音效果、电影配乐、模仿动作。

● 索引的："自然迹象"（烟、雷、脚印、回声、非合成气味和口味）、医学症状（疼痛、皮疹、脉搏率）、测量仪器（风标、温度计、时钟、水平仪）、"信号"（有人敲门、电话铃响了）、导示标志（指向"索引"指针、定向路标）、记录（照片、电影、录像或电视镜头、音频录制声音）、个人化的"商标"（手写、口头禅）。

● 符号：一般语言（加上特定语言、字母、标点符号、单词、短语和句子）、数字、摩斯电码、交通信号灯、国旗。

图形设计采用了所有这些模式，通常在一个单一的对象里，符号在组合关系中或者在与其他符号有明显对比的聚合意义中，通过其他符号的紧密联系获得意义。因此，图标、索引和符号可用于分析图形对象的沟通结构。符号学符号是复杂的，因为通常会有几个符号协力工作，下面将举一个例子说明这一点。

我们思考一下20世纪下半叶长时间播放的黑胶唱片的包装。这些唱片都是在精心设计的印刷封面包装下进行销售，以保护唱片并促进销售。一些最知名的例子是为甲壳虫乐队制作的唱片，他们的专辑《艾比路》就是一个很好的例子，见图版30所示。作为他们的倒数第二张专辑（虽然是最后才录制的），由于他们名气之大，封面甚至没有放乐队名称或专辑名称，只有一张乐队成员走过伦敦北部公路的照片，他们走在一辆停靠路边的大众甲壳虫旁边。乐队名称、道路名称以及歌曲名称，都放在了背面。这张照片真实地描绘了乐队成员1969年的样子，这是标志性的，他们选择在附近的人行横道过马路。照片在这一方面是指示性的，但整张照片也是如此，因为它代表了他们最后一次唱着熟悉的歌曲，如《一起走》（Come Together）、《某些事》（Something）、《太阳升起了》（Here Comes the Sun）。这是他们录音室歌曲最终合集的能指。如果你想在20世纪晚期听这些歌曲其中的一首，很可能就会从你的唱片收藏中拿出这张专辑。

十字路口也是一种象征，因为行车道上这种特殊的白色矩形结构是一个公认的安全过路的标志。此外我们可能会想问更多的问题，比如，为什么保罗·麦卡特尼是赤脚的？

对此，有四个可能的答案，他那天没有鞋子（标志性的）、那天很热（索引）、它反映了保罗对一种噱头（也是索引）的偏好、这是一个黑手党的死亡标志（象征性的），并暗示一些美国人他已经死了（Roylance等，2000：341-2）。

在符号学中，对象被称为参照物。以《艾比路》专辑封面为例，它指的是披头士乐队的特定歌曲合集。相反，在我们关于城市图形对象的讨论中，我们一直主张代表在具体意义上作为对象，能指作为一种心理印象和表征作为一种感官印象更为重要。这里并没有提出从这两个方面来表达皮尔斯的三进制模型，但是语言使用中与"对象"一词相关的两个意思显然存在着冲突。考虑到物质意义上的表征者问题这一点，如果我们要认识到图形对象作为具体对象不仅仅是符号学符号，就需要继续探索。

## 作为符号再现体的对象

在符号学中，表征者指向一个对象，到目前为止，我们更倾向于支持物体。表征作为一种精神能力，依赖于将新观念与现有观念相吸收的过程。康德使用了三角形的例子来阐释：

> ……我们将三角形视为一个对象，通过意识到三条直线的组合，这样的直觉总是可以根据一个规则呈现出来。这种统一性决定了所有的多样性，并把它限制在使类化理解统一成为可能的条件下。这个统一的概念是对象= X的表示……

2007（1781）: 136

我们之前讨论了表象如何作为外部事物来表达思想、概念、想法或感受：像是语言，像是符号，像是图像，而不仅仅是理解一个想法（Hall，1997: 1-30）。每一种材料都具有一种物质属性，就像物理学家可能会说的那样：它们都能说话。在我们讨论的目的中，"材料"指的是工匠、工程师和科学家能够体验到并生产出来的东西。

现在很清楚，在跨学科的背景下，用物体或图像这样的词汇来解释表征是有问题的。在选择那些既可以占据精神领域，又可以占据物质领域的词汇的过程中存在着困难，因为许多词汇可以在精神"材料"或外部内部的讨论中互换使用。类似地，诸如"事物"之类的词语也可以代表无生命的物体、动作、事件、思想或话语，其中物体是外在的东西。可以从康德那里得到这方面的一个例子，康德解释了表征是如何建立一个概念的。

他讨论了直觉和物体之间的关系，通过阐述直觉是如何通过感知对象而发生的，如何曾经思考过的，从而提供了理解，引出了概念。他接着说：

> 只要我们受到物体的影响，物体对表现能力产生的影响就是感觉。通过感觉指向一个物体的直觉叫作经验。经验直觉的未确定对象被称为表象。
>
> 我把与感觉相对应的表象称为物质，现在，只有感觉才能被安排，并以某种形式存在，这就不能再是感觉了。因此，尽管事实上所有外表的问题都只给我们一个后验，但

它的形式必须预先为头脑中的先验感觉做好准备，因此必须允许它被认为与所有的感觉无关。

康德（KANT），2007（1781）：59

在这篇文章中，他提出心灵和物是分开的，而感性是物体必须通过的入口点，只有经过这一点，才能被直觉和思考捕捉。我们通过感觉接受物体，直觉使它瞬间完成。这导致了思想和概念的发展，而这些又是直觉和感性的一部分。也就是说，用于描述外部和物理事物的"客体"一词也受到了康德的质疑。"在我们意识到的范围内，我们确实可以把一切称之为对象，但是需要更深入的研究才能发现这个词汇在表象方面的含义，但是，只要它们只表示一个物体，而不在它们（作为陈述）范围内是对象，就需要进行更深入的调查才能发现关于表象的意义"（2007［1781］：213）。他把"先验对象"称为既不为内在直觉所知，也不为外在直觉所知的对象，但"经验对象"是前者"如果只以时间关系表示"而后者"如果用空间来表示的话"，暗示经验上的外部对象就在我们之外。这显然加强了早期的观点，即城市图形对象基本上是空间的。康德认为，当涉及空间和时间、大小、形状和客观秩序时，拥有一个概念不是拥有一个心理图景。"它是一个组织原则或规则，一种处理数据流量的方法"（Blackburn，1999：255-6）。这突出了从经验中推导出的物体（例如相似性或图片）与由思维范畴决定的对象之间的关键区别。

以康德的解释为基础，图6.1试图通过感性、直觉（感觉）、思想、概念和思想来展示经验上的外部对象是如何给予我们的。它通过感觉的"效果"被确定为经验。感性和感觉似乎是在表象的内在精神和外在物质系统之间的界限处起作用的。所描述的是立方体的概念（一个六边的三维形状，由相等的比例对称地排列而成）。人们如何想象一个立方体（与其他对象的关系），思考一个立方体（根据它可能被用于什么，例如骰子），以及立方体可能引发的情感（例如建筑物或骰子的作用）。

在符号学中，客体是指涉物。在这本书中，我们关注的是作为表征者的客体。康德为我们提供了一种理解，即客体如何作为表征者被通过感觉的（或者被称为效果的）和感性来理解的。研究某事物的本质，就是它的基本或内在的特征、品质或作为现象的品质。本文将城市对象中的图形对象现象作为一种模式来处理，意思是"系统的……多种知识在同一理念下的统一"，或者"建筑上的"［Kant，2007（1781）：652-3］。如前所述，它也渴望成为一种模式。

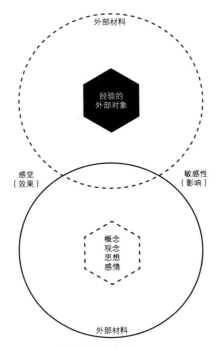

图6.1 通过感性和感觉表现

　　前文回顾了符号学家对"符号"一词的使用方式，从物质意义上论证了对象是表征者，建立了符号作为图标、索引和符号的三种不同类型。此外，在论证了对象是表征者，对象是图标、索引和符号之后，我们能够识别出三种类型的符号，但却不理解它们的目的。图标、索引或符号还能做什么？后面我们将会讨论图形对象的功能是什么？

## 图形对象的功能

　　早些时候，我们讨论了亚历山大如何使用两个直立矩形之间的心形装置来进行描绘装饰。这证明了将比例原理应用于作为城市对象的图形对象的简单模型的潜力。它说明了两个独立的实体，任何各自运作可以通过添加一颗心形作为装饰的表征而联合起来。通过装饰作为一种模式语言的中介原则，虽然适用于图形对象的讨论，但在此范围内也限制了我们的目的。本书中的大多数例子都被不恰当地定义为装饰品，尽管它们可能具有装饰性。例如，帝国大厦上的题词传达着信息，但是以装饰的方式进行。虽然图拉纪功柱上的字体显示出来自文字雕刻工匠使用画笔完成的衬线，但是像新罗马字体（Times New Roman）这样的现代字体保留这些衬线却仅仅用于装饰。然而，亚历山大的装饰图案可以被扩展应用，以适应对视觉设计更广泛功能的理解与应用。

图形对象具有广泛的功能，尤其是社会、文化和经济功能，但这些都不是我们在这里关注的问题。相反，感兴趣的是图形对象的单独的功能。许多形容词被用来描述视觉设计的目的：识别、信息、表现和推广、参照、情感、内涵、诗学/美学、元语言、应酬的、说服、教育、管理、装饰性的、魔术、表现、方向和系统（van der Waarde，2009：23）。其中的一些内容，特别是身份认同、美学、装饰、表现、定位和系统六个功能，在本书中已经有所涉及。

巴纳德（2005）将重点放在六个功能上，这些功能足以解释构建环境中单个图形对象的目的。根据巴纳德的说法，这些负责所有的图形制作。但是，他提醒说这些功能可以不单独施行，大多数对象将提供多个功能。但是，可以确定其中的一些功能比另一些功能更突出。例如，道路标志的设计更多是为了传达信息和识别，而不是为了说服和强迫，而广告牌广告的情况则恰恰相反。

根据巴纳德的估算，信息的功能是传授知识。常见的城市物体，如酒吧标志、商店门面、盾形纹章、公司标志、引导标示、图表和地图，是基本的例子。说服具有修辞功能，并试图通过广告、政治宣传或选举宣传来影响人们的行为。虽然这些对象也满足了信息功能，但其意图的重点是寻求吸引力，而不是面向寻求信息的人。装饰并没有这两个功能表现得那么直接，因为它更关注提升美学，直接指向装饰或娱乐、休闲和快乐，正如在前文所述的里斯本地面环境的例子中所指出的。视觉设计最不明显的功能则是魔法功能，它具有巴纳德所描述的神圣和变革的品质。这种方式意味着对欠缺形式但有强烈情感内涵的事物的表现，正如前文所述在公共空间展示的阵亡将士纪念日白色十字架的例子。这种神奇的功能不仅能把遥远的事物带到我们身边，递进一步比如阵亡将士纪念日的罂粟花，再递进还能把一件事改变成另一件事。后两种巴纳德所述的"元语言"的和"交际性的"组织在一起。元语言功能满足了使用一种语言来表示另一种语言的需要，包括解释、澄清或限定。它使用代码的方式与地图上使用的关键工作方式相同，比如感叹号会将注意力吸引到某些不太有意义或需要谨慎对待的内容。最后，路线导示装置用箭头的方式进行连接或指向，或表示高速公路上车道的虚线。如上所述，这些功能中没有一个是彼此独立的，但是需要重申一下，某些功能比其他功能更明显，例如，相比说服力和装饰性，停车标志更具有信息量，它直接将驾驶员的行为与环境联系起来，就像图形装置将不同的实体联系起来一样。墓地中的纪念十字架可能意味着以某种变革性的、魔法般的方式进入到神圣领域。或者，像纽约地铁上的彩色圆圈，提供了一个使用纽约地铁网的元语言的核心，为使用纽约地铁网络提供了元素，而决定停车场停车位置的白线则扮演了一个"交际性"的角色。

视觉设计各个功能的概述为分析图形对象在城市对象中的作用提供了一个框架。如果转换到"城市和城市场所的功能上——通信、经济、认知和结构展示——理解"一类图形对象上，这使如何影响城市行为的复杂性成为可能。

这些功能，加上图像被解释的方式和不同符号标志的类型，开始提出图形对象可以被分类为类型学的不同方法。到目前为止，本章探讨了分类的重要性，并讨论了一些方法。艺术史上的图形图像为我们提供了图片、雕像和设计以及图形主义的概念，代表各种各样的图片、书写、图画、刮痕、文字、图像、视觉文物、文本、图表等。从批判理论来看，图片、象形图、表意文字和语音符号（Mitchell，1986：27）帮助我们理解了新类别随着时间的推移而发展。其他领域，例如文化研究，提供了一种更抽象的表达方法，通过语言、符号和图像的笨拙组合来表达概念、想法、思想和情感，语言被作为单词、声音和图像来进行宣传。这就引出了符号学领域以及符号理论包含意指和能指，以及符号形式（表象）、符号意义（解释）以及符号所指（对象）。在符号学或记号学中，取决于你是否遵循皮尔斯或德·索绪尔的传统，他们使用符号作为一个统一的概念，以及一个有用的术语来阐述他们的理论，阻碍了对皮尔斯所谓的"代表人物"的更全面的理解。（林奇对于城市形象的研究也揭示了同样令人困惑的问题，其中标志所代表的含义不仅仅是标志！）。然而，皮尔斯为符号再现体、解释和指称之间的三元关系提供了将再现体作为对象，图形对象以及图标的符号分类的机会，索引符号解释了我们之前区分的符号（sign）和标志（SIGN）的内容。通过康德将对象解释为一种外在的事物，通过感性给予我们和通过感觉影响我们，我们到达了表象、物质和形式，而经验对象则是空间所表现的某种东西。此外，对象至少有六种不同但相互关联的功能——信息、说服、装饰、巫术、元语言和交感。这个简单的预估验证了分析城市图形对象的难度。

线条、形状、色调、颜色、纹理、形状、比例、空间和光都在二维、三维和四维空间中发挥作用，处于静态和动态状态，但根据图形对象的物理特征对其进行分类的可能排列将是一项不可能完成的任务。查看图形设计师使用的特定元素（例如排版和字体）已经取得了丰硕的成果，但却未能认识到所讨论的对象（字体）超越了其字母形式并变得更加图形化或图解化的那一点。这可以通过一个带有水平白线的"禁止入内"标志或显示"正在工作的男性"的道路工程标志来举例说明。

有人可能会由此推断，视觉设计的立场太难以定义。毫无疑问，当个别视觉设计师观察环境时，某些事物会吸引某个人的注意，而另一个人则会忽视它。他们用的是早些时候被称为"图形之眼"的方法。

本书旨在通过将视觉设计作为城市设计，将图形对象建立为城市对象。另外，案例研究将探讨城市设计功能如何通过图形对象发挥作用。这将通过将城市环境视为三种不同类型的城市设计来进行，以展示图形形式的折中合成如何满足人们的需求。这些例子有旧金山的吉拉德利广场、巴黎附近的拉德芳斯以及纽约的剧院区和时代广场，均以朗在他的著作《城市设计：过程与产品的类型学》（*Urban Design: A Typology of Procedures and Products*）中所描述的案例研究为特色。这些例子映射到了四种类型城市设计工作中的三种，他认为这是城市设计的核心：一个整体、一块一块、插件式城市设计（这里略去整体城市设计，因为其他三项足以说明主要问题）。这些类型的城市设计提供了能够进行分析的城市管理的适度尺度规模的单元，提供了一个足够的范围来描绘运转中的非常多样的图形对象。

## 旧金山吉拉德利广场（1962—1967，1982—1984）

从2013年的空置的零售单位数量来分析，吉拉德利广场已经不再是旧金山的主要旅游景点之一了。然而，它因为其建筑的和历史的意义而被旧金山市历史保护委员会（前地标保护委员会）认可为一个指定的地标。这就意味着此建筑结构的任何改变，如更换ATM机的标志等，都必须在设计、材料、形式、规模和位置上与场地的历史性质相适应，优先考虑的是保护、增强或修复（而不是破坏或破坏）。新的环境构件必须与现存的罗马复兴风格建筑美学匹配。罗马复兴风格建筑是在1864年至1923年间分三个阶段发展而成的一种建筑风格。

该项目位于一块倾斜的地块上，俯瞰旧金山湾（San Francisco Bay）和恶魔岛（Alcatraz）。1864年在这个位置上由威廉姆A. 默瑟开始建设，最先开工的是伍伦密尔大厦，其他的一系列建筑于1900年（可可大厦）、1911年（巧克力和芥末大厦）、1915年（电力大楼）、1916年（钟楼和公寓楼）、1919年（巧克力大厦上层）和1923年（可可大厦上面两层）陆续建成，这些建筑全部由威廉姆·A. 默瑟二世（William A. Mooser II）负责设计。如今，这些建筑依然存在，并构成了该建筑群的许多地标。

一开始的工厂综合体是由吉拉德利（Ghirardelli）家族在1900年至1916年间开发的，用于生产巧克力，但现在是一个"再生"的建筑综合体。这两项工程均把场地改建为零售及餐厅设施，以增加休憩场地。第二阶段引入现代化的店面，为了提高可视性，设计了大型手工木制招牌、路标、横幅和高辨识度的霓虹灯，此举帮助推动零售销售额增长了50%。该广场已经成为世界各地类似改造项目的典范。

最近一次参观这个广场时（第一次翻修后的50年后），我们可以看到一个建筑综合体仍然保持着良好的形状，但却是由不同规模的新旧图形元素组合而成。该综合体的一个永久性部分是巨大的白色吉尔德利字牌（带有照明），高悬在广场上方的脚手架横跨了可可色和芥末色的建筑，面向海湾。这是你在海滩街上看到的第一个地标。每一栋建筑都面朝外，并且用华丽的字体显示出公司名称的变化，有些是这栋建筑的年代，有些只是名称，比如精致的"巧克力大楼"的光束导航装置。相同的主图形对象仍然存在，但更新设计为目录板和横幅，以及霓虹灯中的更新零售标识。除此以外，厕所标志不仅标识着男女通用的通用标准标识，还包括了盲文标识、垃圾箱上还有彩色编码，自动取款机上有品牌标识，台阶上有黄色警示条纹，较不持久的是有许多护柱，它们限制进入现场的部分区域或进行示警，并且零售商以令人印象深刻的方式展示他们的商品（如果作为礼物或纪念品购买，就会拥有）。甚至纸杯蛋糕都装饰着三叶草，以唤起人们对圣帕特里克节庆祝活动的感觉。当我们使用在礼品店购买的杯子饮酒时，些许最微小的细节，就唤起了我们对吉拉德利巧克力带给我们的永恒快乐时光的回忆。所有这些都通过图形对象来加强它作为地标的地位，如图版13所示。

## 法国上塞纳省拉德芳斯（1958至今）

在拉德芳斯（La Défence），当你开车沿着格兰德艾米大街（Avenue de la Grande Armee）向巴黎市中心方向行驶，会发现一个意想不到的美妙之处。透过无名烈士墓上方凯旋门的圆拱，可以完整地观察它，并且可以感受到一个从卢浮宫贯通到凡尔赛宫的巨大的轴线的存在。但是当凯旋门被从协和广场的相反方向观察时，情况却并非如此。与此相反，凯旋门的空间被拉德芳斯最著名的标志性建筑大拱门（La Grande Arche）的顶部切成两半。虽然这看似微不足道，但今天的大拱门是一个主要的旅游景点，也是一个非常成功的商业区。据估计，法国前二十强的企业中有很多家都在这里，员工多达18万人，其他还有居民2.5万人，学生4.5万人，游客则有800万人之多。

建立一个新的商业区的想法其实可以追溯到20世纪初，当时是为了缓解市中心的压力，在巴黎周边地区开发了一些节点。经过了长时间的规划，拉德芳斯最终花了40年的时间来发展，最终建成的场地占地2.9平方英里（7.51公顷），通过主要的交通路线连接到巴黎市中心。凯旋门和大拱门之间的视野是不受限制的，因为拱门前面有40公顷的露天广场，一个以开放空间、有几何图案的表面和各种人体尺寸和超大尺寸图形元素为特色的行人平台。在滨河游人广场以及其周围，大型雕塑、方向标志、公共设施接点、广告单元以及零售展场提供了一个个稀疏排列的精彩的景观节点，其中的商业、酒店、住宅、商业中心（Quatre Temps）、购物中心和一个以塞萨尔（Cesar）和亚历山大·考尔德（Alexander Calder）等人的雕塑作品为特色的露天艺术馆成为新区活动的焦点。

与东京的新城市发展相似，色彩的亮点从"灰色"建筑和地面环境中脱颖而出，唯一的例外是路易斯·欧内斯特·巴里亚斯（Louis-Ernest Barrias）于1883年创作的标志性雕塑作品《保卫巴黎》（La Defence de Paris），这件具有纪念意义的雕塑仍然保持着原来的状态。

新区中的由艺术家塞萨尔·巴尔达奇尼（Cesar Baldaccini）创作的雕塑《大拇指》（Le Pouce，1994）栩栩如生，这是一尊以艺术家拇指为原型的传奇雕塑。另一组对比的呼应情况则是，考尔德的《大红蜘蛛》（1976）让篮球圈或地铁入口标志的其他较小的颜色亮点相形见绌，如图版14所示。

拉德芳斯广场的图形对象与露天广场的开放空间相比相形见绌，但它为这个地方增加了一个必不可少的人的尺度，尤其是作为人与人之间互动的表征。即便是在广场上一个穿着亮色服饰的清洁工在完成他们的职责，虽然图形对象也是孤立的物体，却在不同程度上实现了图形设计的各项功能。

## 纽约剧院区和时代广场（1967—1974）

纽约剧院区，成立于1967年，由1961年首次提出的范围广大的分区计划演变而来。作为五个"特区"之一——其他四个是林肯广场的特区、第五大道区、位于曼哈顿下城的格林威治街特别行政区，以及包括了巴特利公园城和曼哈顿岛的曼哈顿下城区。这个计划起源于对于地区等级规划的重视，而这又直接导致了当时的市长约翰·林赛（John Lindsay）成立了一个城市设计集团。正如朗（2005）所指出的那样，该组织的目的是"阻止城市生活的'大出血'"。在这一过程中，百老汇及其剧院被认为是一个高度优先的项目，时代广场地区在20世纪90年代和21世纪的前十年受益于城市设计集团进一步的设计与开发工作。

时代广场位于百老汇与第七大道的东北—西南交汇处，与第42街的东西向干线相连，位于曼哈顿城中心剧院区的中心地带。由于其无数的整体广告装置，一些旅游指南将其描述为一个"顶级的旅游景点"，可与其他游客们更为熟悉的旅游目的地如自由女神像、布鲁克林大桥、帝国大厦或大中央车站相比。无论白天还是黑夜，时代广场都是一个闪耀的、动态的图形图像展示平台，绝不放过每一个可用的建筑立面。最常见的景观是垂直堆叠的显示屏，它们标出了广场的东北和西南的界线。

时代广场最清晰的景色之一是从折扣票亭（TKTS）上方东北侧的台阶式的圆形剧场的顶部俯瞰下去，斜面正对着十字形的达菲神父纪念碑，上面刻有纪念42街圣十字教堂牧师达菲中校的铭文。这座雕塑建于1937年，周围环绕着当代静态和动态的图像，装饰着建筑物的招牌，以及作为一个定义位置和空间的连续带状装饰。

在过去的30年中，时代广场的霓虹灯非但没有暗淡，反而让这个地区变得更加安全。作为该地区升级计划的一部分，照明标志及其亮度水平自1987年以来进行了调整（Boyer，2002），自20世纪90年代初以来，这种调整在减少犯罪事件和显著提高房地产价值方面发挥了相当大的作用。

由于1992年成立的时代广场联盟加强了对时代广场的完善和推广（包括第40街到第53街之间的第6和第8大道，也包括第8街和第9街之间的第46街），这个地方近几十年来经历了许多命运的变迁，其中一些原因归功于被称为在"世界上最著名的信息环境"中不断变化和扩展的图形对象的存在（Triggs，2009：243）。

然而，环绕于时代广场的企业广告的明亮灯光并不是唯一被展示的图形对象。纽约警察局（NYPD）在第43街交叉口用独特的霓虹灯标志着他们的存在。这个单层的车站还有精致的城市市镇的室外马赛克瓷砖壁画，以及彩绘文字"欢迎来到时代广场……纽约警察局"。纽约警察穿着他们独特的蓝色制服，时代广场联盟的负责公共安全的警官们也有他们自己独特的徽章。美国武装部队试图与各自的军队在时代广场招募新兵，陆军、海军、空军和海军陆战队的徽章在设计上与总统徽章类似，有非常相似的细节，圆形的徽章显示出不可见的图形细节。此外，公众还可以在印有报纸标头的报摊上购买《今日美国》，或者在高过头顶的红色的"半价票"招牌下的货摊上购买剧院门票。

更平凡的是无数的地面标记的众多地板和覆盖在地面散斑上方的检修孔（每个都来自不同的公共事业供应商），而地铁维护通道则用灰色地板上突出的黄色荧光罩表示。此外，贴有标签的垃圾桶是基础设施的一部分，该设施的运转依赖于时代广场联盟（Times Square Alliance）50名穿着制服的环卫人员昼夜辛勤的工作。零售场所展示的或熟悉或陌生的招牌字体和标志，无论是相对稳重的布拉沃比萨（Bravo Pizza）还是张扬的麦当劳快餐的金色拱门，都有多种不同的尺寸给游客提供适合他们近距离或远距离的观察。还有一些广告图形装置并没有在空间中固定进行展示，例如星期五餐厅（TGI Fridays）的手持式标志，依赖于人工手持的标志吸引迎面走来的行人的视线并使他们印象深刻。就像广告的开始、停止、再开始一样，以黄颜色款的纽约出租车为特征的车流不断地穿过像动脉一样的街道。这些物理空间的变现形式将时代广场表示为一个以人口稠密为特征的图形对象阵列，如图版15所示。

## 改变生计的象征性资源

本书讨论的所有城市图形对象的例子都是符号表示的意思，而不是符号学家对符号这个概念的解释。将一种象征性的表达以某人为某种变革目的而设计的方式很好地加以利用，这被称为一种"象征资源"（Zittoun等，2003：418）。如果我们把用符号表示这个概念理解为图形元素，就可以掌握这本书的大部分观点。当将我们的主题定义为象征性资源问题时，有趣的问题是通过使用特定的事物来达到帮助情感和身份形成事物的含义这一特定的目的。如齐图恩（Zittoun）等人（2003：417）所描述的，符号元素是"共享的具体事物，或者是一些社会稳定的互动模式或习俗，它们封装了人的生活意义或经历"，比如"文创产品、书籍或者电影"。这里有足够的证据表明我们一直在谈论的是象征性资源，因为它们同时具有外部维度和内部维度。从外部看，符号装置可以"使社会互动或人的具体行动成为可能"，而从内部看，"符号装置可以调节情感体验、改变一个人对事物的理解或促进一个人的意义建构"（2003：419）。以这种方式使用符号，表示作为符号资源在前面讨论的许多案例研究中都是明显存在的。然而，下面的例子却不像前面讨论的那么常见，它展示了圣保罗的城市环境是如何成为并将继续成为无家可归者的展示空间的。之前的三个案例研究都得益于图形对象的存在，他们在一定程度上促进了旧建筑物使用方式的转变（吉拉德利广场），提高了人们之间的吸引力和相互联系，提升了空间和建筑物的开放性（拉德芳斯），或者协助打击不文明的活动，或者改善了某个地区的安全和保障（时代广场）。以上这三个案例都是对专业城市设计框架内的建筑环境问题的积极贡献。但是，并不总是将图形对象合并到卡莫纳等人的案例中（2010：16-17），而是指"了解"城市设计——干预也可能因为对城市设计的"不了解"而发生。这主要是指一方不承认与另一方之间的差异，一方指有意识地将自己的行为解释为进行城市设计的人，另一方指自己自发的进行着城市设计行为的人。我们对此的解释是，后一类人包括那些对城市采取行动的人，他们会将视觉审美秩序强加于一个地方，不管它看起来是多么的偶然。在通常的研究中，我们还没有把注意力集中在图形对象的非正式性上，其位于设计的更正式的制度背景之外，如涂鸦或手绘生成的各种图形图像。然而，在很多情况下，人们可能会质疑这些图像以及所处位置的含义。

其中一个例子是在巴西圣保罗城市西部的皮耶罗斯（Pinheiros）地区——确切的是指在加勒诺·德·阿尔梅达（Rue Galeno de Almeida）街和乔·莫拉街（Rue Jo.o Moura）交界

处的高架桥。高架桥下面是一个充满涂鸦的空间，在此街道两旁的墙壁上布满了涂鸦，此地隐藏在隔离墙后面的用于废物回收活动的飞地中（这也是最初建造隔离墙的原因）。最初这是一个未被充分利用和未被开发的空间——城市设计中所谓的城市核心地区的"裂缝"（Carmona等，2010：11）——指在开发过程中被忽视的低质量空间，该空间现在是自发组织起来的收集可重复使用材料（包括纸张、纸板、废料）的组织"阿马尔合作社"（COOPAMARE）的所在地，这是在巴西成立的第一个有组织的废品收集者合作社，成立于1989年。

该合作社可追溯于20世纪80年代初，在教会工作人员的协助下，他们提供食物并与那些从住宅、工业和零售业中收集废品的无家可归的人成了朋友，然后通过卖废品来筹集资金以庆祝比如复活节这样的宗教节日。最开始起源于教会工作人员在该市格利塞里乌（Glicerio）社区中心举行的定期聚会，这成了收集者们定期聚会的机会。最终，在修女的指导下形成了废物收集者合作社。它被称为"阿马尔合作社"，由20位收集者建立。随着时间的推移，它为会员和活动提供了资金支持。伴随着阿马尔合作社成为其他组织效仿的榜样，它很快便扩展到了巴西的几个城市。

最初，高架桥的土地被合作社非法使用，但现在，市政府已经批准了这一特许经营许可，并且为其提供了卫生设施、电力、自来水和洗手间，逐渐改善了该区域的环境。目前在该工地上，可回收材料由为社区提供公共环境服务的合作社工人进行分类和回收。现在，全巴西共有五百多个阿马尔合作社，约有6万名成员。

该空间被一系列手绘的图像所主导，这些图像既传达了合作伙伴的身份，也传达了它与全国拾荒者运动之间的联系，它们各自的视觉特性在地下通道支架上表现得很明显。周围的墙壁装饰着高度复杂的涂鸦，这也许会激怒当地高档住宅区的居民。

有关可以将何种废弃物进行分类，以及如何确定废物等级的法律依据和相关资料的公告，均张贴展示在合作社的外墙表面上。合作社员工身着他们的制服带着骄傲和尊严，他们的自尊随着相信自己是为社会提供服务而得到提高，工人不再视自己为受害者，而是将自己视为公民。

教会对合作社形成所起到的作用被记录在邻近道路墙壁上画着的一条鱼上，作为帮助其成立合作社，并进一步使其获得初步的独立影响的象征，如图版16所示。

## 总结

本章进一步揭示了图形对象在不同学科视角下的语言表述的双重性，还有人们在哪里可以期待某种稳定感，例如，在对图像的研究中，尽管图形图像作为图片、雕像和设计的例子不是一个有凝聚力的三位一体，但是为一些过于简化或过于复杂的分类提供了一些基础。同样，关于表征的讨论引入了语言、符号和图像的概念，没有什么值得认可的地方。在此基础上，我们从符号学的角度对符号进行了探讨，虽然符号学研究者对符号这个词的解释也具有双重意义，既是一个统一的符号，又是一个能指和表征者，但表征者、解释者和指称者之间的三元关系为克服符号混淆提供了一种途径。这也避免出现事物作为符号指向的对象的符号学。我们的目的是在物质意义上识别"对象"，就像康德将其定义为经验对象，或空间表示中的一种表现一样，这一点与我们之前在第2章中关于视觉设计作为空间实践的讨论相互呼应。

此外，皮尔斯还解释了符号作为图标、索引和符号的三个顺序，但这些顺序并不只适用于图形对象。它们也可以代表声音、手势、症状、信号和语言。从本质上讲，这些特征描述了从字面到抽象的三种表现形式，每一种都逐渐与符号所指的事物脱离相关度。标志性的标志与它所指的事物相似，索引符号更具暗示性和联想性，而象征性符号在其形式与内涵没有任何关系。象征性标志的任何含义都是人们之间的协议。在符号学中，这是可以理解的，但在符号学之外，这些词还有其他的更强大的关联。例如，在视觉设计中，"符号"最有可能意味着某种"徽标"（例如吉尼斯使用竖琴来代表公司），但在符号学方面，这最像是一个图标。同样，我们已经描述了威斯敏斯特市街道铭牌被认为是"标志性"的原因，但这个"标志"与街道没有任何共通之处。如图6.2所示。

图6.2 诺森伯兰大道（伦敦，2009年）
虽然被认为是一种"标志性"的设计，但从符号学的角度来看，威斯敏斯特市的街道铭牌比起它的标志性意义更具有象征性意义，因为它与它所代表的事物之间只有偶然性的联系。

最后，本章中关于我们如何构建我们对图形对象的思考，一个更合理的解释来自视觉设计，以及图形设计作为信息、说服、装饰、魔法、元语言和语言的个体功能。为了理解图形对象如何实现多个目的，我们从视觉设计功能的观点出发，来确定图形对象的具体含义。这在反映四种城市设计实践中最简要的三种案例研究中得到了充分的证明，他们是旧金山吉拉德利广场、巴黎郊区的拉德芳斯和曼哈顿剧院区时代广场的案例研究中，以上的这些精彩案例说明了生动的图形传达促进了人和环境之间的关系。本章在此基础上，提出了符号资源的概念，并将视觉设计作为一种不为人知的城市设计加以阐述。由此看来，无论是高收入人群还是低收入人群，都会利用象征元素来改变他们的生活和环境。

# 7
# 结论

*"我们现在知道，城市建设的艺术涉及了所有的艺术形式……"*

兰德里（LANDRY），2006：5

本书通过将图形对象作为城市对象的研究，探讨了视觉设计与城市环境之间的关系。为了实现这一目标，将各种图形形式引用到城市环境中，以建立对不同整体的理解，从而在认识层面上将视觉设计与城市设计工作的融合揭示到了一个前所未有的高度。

为了解释视觉设计对象与城市设计之间的关系，有必要首先从视觉设计的角度及其作为潜在的一种空间实践方式来解释这一论点。最初这是为了响应艺术设计视角的需求，即城市的物理构成或特征而考虑的。由于艺术设计的异质性质及其作为公共机构管理描述者的突出地位，建立这种观点尽管是可能的，但也是很困难的。因此，对于视觉设计的立场有所改变，考虑到平面沟通的方法已经超越了艺术设计，特别是地理和列斐伏尔表示空间、表征空间和他的视觉空间的概念，这种探索方法的最终成果被定义为城市图形化，这一观点提倡了城市平面传播的构思、策划和制作的流畅性。

在前两章确立了这一论点之后，通过从历史的角度定义城市图形对象，本书进一步证实了这一论点，第3章揭示了自史前时代以来，图形交流是人类进化和城市发展中不可或缺的平行部分。它的系统应用与埃及、美索不达米亚、印度河流域和中美洲等古代文明中城市的建立同时出现，但是城市文脉被研究视觉设计的历史学家所忽视，这很可能是因为它是一门年轻的学科。因此，自20世纪中叶以来，关于城市发展的论述一直与城市发展的规模不相匹配。书中的两个案例研究说明了像罗马图拉真纪功柱底部的铭文这样看似不相关的历史资源，是如何为现在的伦敦字体提供设计范式的，直到现在这个字体每天还在城市的交通基础设施上被数以百万计的乘客使用，这个案例其实是城市设计工作中的"城市图形对象是不可缺少但又不为人知的"研究的一部分。

第4章和第5章以城市设计文献中的概念为出发点，比如林奇的可成像性概念，一定程度上依赖于同样用于心理学或微观心理学的城市图形类比的一部分，在城市设计中广为人知，但在视觉设计中就不那么为人熟知。对语言使用的忧虑也出现在第4章，特别是来自林奇所描述的符号不同的含义，但没有解释，这种表里不一的现象是视觉设计领域中的理论与实践产生分歧的中心问题。相反，宏观微观二元性和介观分析的概念被引入，可以作为理解后来被解释为特定组合关系的一种方式（即如何通过语境来增强其与图形图像相关的含义）。来自东京新宿和伦敦威斯敏斯特市的案例研究为图形对象如何定义空间提供了两个对比十分鲜明的实例。第一个实例说明了新宿歌舞伎町地区丰富的图形对象是如何融合成了一个充满城市景观的大型图形对象的。第2章通过将组合图形对象定义为包含了一组图形对象的图形空间，暗示了这种关系。第4章的第二个案例研究集中在路牌的单一系统设计上，更简单地展示了在一个单一设计中，由一个图形空间加上一组图形对象组成的复合图形对象的概念（字体、设计规则、白色矩形和一组图形关系）。在城市形象中，两个案例都表现出了在地区层面上的统一。

第5章研究了将形象作为城市设计的视觉维度的方法，本章提到的林奇关于形象的观点可以追溯到半个多世纪以前。本章的研究揭示了图形形式在城市设计的各个维度中是如何呈现的，特别是图形对象是如何在模式语言中被构造的。我们回顾了20世纪60年代克里斯托弗·亚历山大的早期研究，以及他对于形式、语境和整体的解释，从而对模式语言进行了讨论。本章用图表说明了威斯敏斯特市的街道铭牌和新宿的歌舞伎町区所出现的形式和语境的关系，这也有助于解释亚历山大对于"适合"和"不适合"的概念，以及视觉设计必须故意达到所谓的"不适合"才能脱颖而出。但即使是这样，它也只能满足一组不同语境的需求。举例来说，麦当劳的"M"和地铁的"M"只是为了服务于不同的目的。尽管亚历山大等人（1977年）在"A"模式语言中缺乏图形表示，但"十字路口"和"装饰"被检查并重新解释其图形内容。

最后，第6章面对了符号学的标志所带来的困难，以及我们是否一直都像在图形对象中那样恰当地引用该对象。本章以"表征者"为主题，以符号的形式为基础。这与前面关于整体中的形式与语境关系的提示符相联系。尽管这项研究涉及了许多文献中的"标志性"图形设计——威斯敏斯特市街道铭牌，甲壳虫乐队的《艾比路》专辑或巴黎拉德芳斯雕像——这些都是符号学家使用的带有索引和符号的图标，透过这些案例，如果在跨学科意义上存在困惑，则更加应该深思熟虑。也就是说，基于康德对经验对象的偏爱，我们试图在本章瓦解符号学的语言，继而恢复物质意义上的对象。最后，图形对象的个体功能为城市对象中图形对象的目的识别奠定了基础。这指导了三个城市设计案例研究中图形对象的研究，以及其他关于城市环境中不太正式的设计实例的研究。

最终，这本书展示了在建筑环境中怎样去理解不充分的图形对象，并提供了一些历史案例和理论背景来改变这种情况。由于提供研究信息的参考文献的跨学科性质，有时会让内容因缺乏深度而受到批评，这完全在意料之中。反过来说，如果从视觉设计的角度（本书写作的立场）来看，这并不成立。各种场景、对象和环境案例研究的经验证据揭示了视觉设计产品如何在城市对象中和作为城市对象本身出现在整个城市设计实践中。

# 参考文献

Alexander, C. (1964). *Notes on the Synthesis of Form*, Cambridge MA and London: Harvard University Press.

Alexander, C., Ishikawa, S., Silverstein, M., Jacobson, M., Fiksdahl-King, I., and Angel, S. (1977). *A Pattern Language: towns, buildings, construction*, New York: Oxford University Press.

Anon. (1950). 'Bus-stopping'. *Design*(22), 32.

Anon. (1997). *The Zebra, Pelican and Puffin Pedestrian Crossings Regulations and General Directions 1997*, London: The Stationery Office.

Anon. (1999). 'La peinture après l abstraction 1955–1975'. City: Paris-Musées.

Anon. (2004). *Research Notes: The new definition of urban and rural areas of England and Wales*, The Countryside Agency. Available at: www.publications.naturalengland.org.uk/file/86018.

Anon. (2013). *The Rural–Urban Classification for England*, Government Statistical Service. Available at: www.gov.uk/government/uploads/system/uploads/attachment_data/file/248666/Rural-Urban_Classification_leaflet__Sept_2013_.pdf.

Archer, C., and Parré, A. (2005). *Paris Underground*, West New York: Mark Batty Publisher.

Arthur, P., and Passini, R. (1992). *Wayfinding: People, Signs and Architecture*, Toronto: McGraw-Hill Ryerson.

Arthur, P., and Passini, R. ([1992] 2002). *People, Signs and Architecture*, Toronto: McGraw-Hill Ryerson.

Ascher, K. (2005). *The Works: Anatomy of a City*, London: Penguin Books Ltd.

Ascher, K. ([2005] 2007). *Works: Anatomy of a City*, New York: Penguin Books.

Aslam, A., and Szczuka, J. (2012). *The State of the World's Children 2012: Children in an Urban World*, United Nations Children's Fund (UNICEF). New York. Available at: www.unicef.org/sowc2012/.

Ausubel, J. H., and Herman, R. (1988). 'Cities and their Vital Systems', *Series on Technology and Social Priorities*. Washington DC: National Academy Press.

Baeder, J. (1996). *Sign Language: street signs as folk art*, New York: Harry N Abrams.

Baines, P., and Dixon, C. (2002). 'Exploiting context', in D. Jury, (ed.), *Typographic 59*.

Baines, P., and Dixon, C. (2003). *Signs: lettering in the environment*, London: Lawrence King.

Baines, P., and Dixon, C. (2004). 'Letter rich Lisbon'. *Eye Magazine*, 14(54).

Baines, P., and Dixon, C. (2005). '*Sense of Place*'. *Eye Magazine*. London: Haymark Busines Publications 58–64.

Baines, P., and Haslam, A. (2005). *Type and Typography*, London: Lawrence King Publishing Ltd.

Barilli, R. (1969). *Art Nouveau*, R. Rudorff, trans., Feltham: The Hamlyn Publishing Group Limited.

Barnard, M. (2005). *Graphic Design as Communication*, London: Routledge.

Barthes, R. ([1957] 2009). *Mythologies*, A. Lavers, trans., London: Vintage.

Bartram, A. (1975). *Lettering in Architecture*, London: Lund Humpries.

Bartram, A. (1978a). *Fascia Lettering in the British Isles*, London: Lund Humpries.

Bartram, A. (1978b). *Street Name Lettering in the British Isles*, London: Lund Humphries.

Berger, C. M. (2005). *Wayfinding: designing and implementing graphic navigational systems*, Mies: Rotovision SA.

Bertin, J. ([1967] 1983). *Semiology of Graphics*, W. J. Berg, trans., Madison: University of Wisconsin Press.

Blackburn, S. (1999). *Think*, Oxford: Oxford University Press.

Blumer, H. (1969). *Symbolic Interactionism: Perspective and Method,* California: University of California Press.

Boardman, D. (1983). *Graphicacy and Geography Teaching*, Beckenham: Croom Helm Ltd.

Bowallius, M.-L. (2002). 'Tradition and Innovation in Swedish Graphic Design 1910–1950', in C. Widenheim, (ed.), *Utopia and Reality: Modernity in Sweden 1900–1960*. New Haven and London: Yale University Press.

Boyer, M. C. (2002). 'Twice-told Stories: The Double Erasure of Times Square', in I. Borden, J. Kerr, J. Rendell, and A. Pivaro, (eds), *The Unknown City: contesting architecture and social space*. Cambridge, MA: The MIT Press, 30–53.

Brockmann, J. M. (1995). *Pioneer of Swiss Graphic Design*, Baden: Lars Müller Publishers.

Buchler, J. (1955). 'Philosophical Writings of Peirce', New York: Dover Publications, Inc.

Bullivant, L. (2006). *Responsive Environments*, London: V&A Publications.

Burke, G. (1976). *Townscape*, Harmondsworth: Pelican Books.

CABE. (2001). *The Value of Urban Design*, Tonbridge: Thomas Telford.

CABE. (2002). *Paving the Way: how we achieve clean, safe and attractive streets*, Tonbridge: Thomas Telford.

Calvino, I. ([1972] 1997). *Invisible Cities*, London: Vintage.

Carmona, M., Heath, T., Oc, T., and Tiesdell, S. (2003). *Public Places – Urban Spaces: the dimensions of urban design*, Oxford: Architectural Press.

Carmona, M., Heath, T., Oc, T., and Tiesdell, S. (2010). *Public Places – Urban Spaces: the dimensions of urban design*, Oxford: Architectural Press.

Carr, S. (1973). *City Signs and Lights: A Policy Study*, Cambridge MA: The MIT Press.

Carrington, N. (1951). 'Legibility or "Architectural Appropriateness"'. *Design*(32), 27–9.

Carrington, N., and Harris, M. (1951). 'The British Contribution to Industrial Art.' *Design*(31), 2–7.

Chandler, D. (2007). *Semiotics: the basics*, New York: Routledge.

CNAA (1990). *Vision and Change: a review of graphic design studies in polytechnics and colleges*, London: Council for National Academic Awards.

Cohen, D., and Anderson, S. (2006). *A Visual Language: elements of design*, London: The Herbert Press.

Coulston, J. C. (1988). *Trajan's Column: the sculpting and relief content of a Roman propaganda monument*, Newcastle: The University of Newcastle upon Tyne.

Cowan, R. (1997). *The Connected City: A new approach to making cities work*. London: Urban Initiatives.

Cramsie, P. (2010). *The Story of Graphic Design*, London: The British Library.

Cullen, G. (1971). *The Concise Townscape*, London: The Architectural Press.

Davies, P., and Wagner, C. (2000). *Streets for All: a guide to the management of London's streets*. London: English Heritage.

Davis, M. (2012). *Graphic Design Theory*, London: Thames & Hudson Ltd.

de Saussure, F. (1915). *Course in General Linguistics*, London: McGraw-Hill Books Company.

Del Genio, C. I., Gross, T., and Bassler, K. E. (2011). Graphicality Transitions in Scale-free Networks. Available at: http://cds.cern.ch/record/1362125.

Dorst, K. (2003). *Understanding Design*, Amsterdam: BIS Publishers.

Drucker, J., and McVarish, E. (2013). *Graphic Design History: a critical guide*, London: Pearson.

Dwiggins, D. A. ([1922] 1999). 'New kind of printing calls for new design', in M. Bierut, J. Helfland, S. Heller, and R. Poyner, (eds), *Looking Closer 3*. New York: Allworth Press, 14–18.

Eaves, M. (2002). 'Graphicality: multimedia fables for "textual" critics', in E. Bergmann Loizeaux and N. Fraistat, (eds), *Reimagining Textuality: textual studies in the late age of print*. Madison, WI: University of Wisconsin Press.

Elkins, J. (1999). *The Domain of Images*, New York: Cornell University Press.

Eskilson, S. J. (2012). *Graphic Design: a history*, London: Lawrence King.

Fella, E. (2000). *Letters on America: photographs and lettering*, London: Laurence King.

Friedman, K. (1998). 'Building Cyberspace. Information, Place and Policy', *Built Environment*, 24(2/3), 83–103.

Friend, L., and Hefter, J. (1935). *Graphic Design: A Library of Old and New Masters in the Graphic Arts*, New York and London: Whittley House, McGraw-Hill Book Co.

Fuller, S. M. (1843). *Summer on the Lakes, in 1843*, Boston: Little Brown.

Garfield, S. (2010). *Just my Type*, London: Profile Books.

Ghosh, P. (2014). 'Cave paintings change ideas about the origin of art'. BBC News. Available at: www.bbc.co.uk/news/science-environment-29415716.

Gray, N. (1960). *Lettering on Buildings*, London: The Architectural Press.

Hall, S. (1997). *Representation: cultural representations and signifying practices*, London: SAGE 400.

Harland, R. G. (2012). 'Towards an Integrated Pedagogy of Graphics in the United Kingdom', *Iridescent, Icograda Journal of Design Research*, 2(1).

Harland, R. G. (2015a). 'Graphic Objects and their Contribution to the Image of the City', *Journal of Urban Design*, Volume and Issue tbc. (in press).

Harland, R. G. (2015b). 'Seeking to build graphic theory from graphic design research', in P. A. Rodgers and J. Yee, (eds), *The Routledge Companion to Design Research*, London and New York: Routledge 87–97.

Hawking, S., and Mlodinow, L. (2010). *The Grand Design*, London: Bantam Press.

Heathcote, D. (1999). 'Big Book, Little Buildings', *Eye Magazine*, London: Quantum Publishing.

Helfland, J. (2001). *Screen: essays on graphic design, new media, and visual culture*, New York: Princeton Architectural Press.

Heller, S. (1999). M. Bierut, J. Helfland, S. Heller, and R. Poyner, (eds), *Looking Closer 3*. New York: Allworth Press.

Heller, S., and Vienne, V. (2012). *100 Ideas that Changed Graphic Design*, London: Laurence King Publishing.

Hollis, R. (2001). *Graphic Design: a concise history*, London: Thames and Hudson Ltd.

Johnston, E. ([1906] 1977). *Writing & Illuminating & Lettering*, London: A & C Black.

Jubert, R. ([2005] 2006). *Tyopgraphy and Graphic Design: from Antiquity to the Present*, D. Radzinowicz and D. Dusinberre, trans., Paris: Flammarion.

Kant, I. (2007 [1781]). *Critique of Pure Reason*, W. Marcus, trans. London: Penguin Books Ltd.

Kepes, G. (1944). *Language of Vision*: Wisconsin IN: The Wisconsin Cuneo Press.

Kinneir, J. (1980). *Words and Buildings: the art and practice of public lettering*, London: The Architectural Press.

Landry, C. (2006). *The Art of City Making*, London: Earthscan.

Lang, J. (1994). *Urban Design: the American experience*, New York: John Wiley & Sons, Inc.

Lang, J. (2005). *Urban design: a typology of procedures and products*, Oxford: Architectural Press.

Lefebvre, H. (1970). *The Urban Revolution/Henri Lefebvre*; trans. Robert Bononno, Minneapolis: The University of Minnesota Press.

Lefebvre, H. (1991). *The Production of Space/Henri Lefebvre*; trans. Donald Nicholson Smith, Oxford: Blackwell Publishing.

Lefebvre, H. (1996). *Writings on Cities/Henri Lefebvre; selected, translated, and introduced by Eleonore Kofman and Elizabeth Lebas*, Oxford: Blackwell Publishing.

LeGates, R. T. (2003). 'How to Study Cities', in R. T. LeGates and F. Stout, (eds), *The City Reader*, London and New York: Routledge.

LeGates, R. T., and Stout, F. (2003). *The City Reader*, Routledge: London and New York.

Lethaby, W. R. ([1906] 1977). *Editor's Preface, Writing & Illuminating & Lettering*, by Edward Johnston. London: A & C Black.

Lewis, J., and Brinkley, J. (1954). *Graphic Design*, London: Routledge & Kegan Paul.

Leyens, J.-P., Yzerbyt, V., and Schadron, G. (1994). *Stereotypes and Social Cognition*, London: SAGE.

Livingston, A., and Livingston, I. (1992). *The Thames and Hudson Dictionary of Graphic Design and Designers*, London: Thames and Hudson Ltd.

Lovegrove, K. (2003). *Graphicswallah: graphics in India*, London: Lawrence King.

Lucas, G. (2011). 'Heard the one about the artist, the designer and the carpet of concrete', *Creative Review*, London: Centaur Communications Limited. London.

Lucas, G. (2013). 'A most distinctive corporate typeface', *Creative Review*, London: Centaur Media 26–30.

Lupton, E. (1996). *Mixing Messages: graphic design in contemporary culture*, New York: Princeton Architectural Press.

Lussu, G. (2001). 'Adventure on the Undergroud', in D. Jury, (ed.), *TypoGraphic Writing*. ISTD.

Lynch, K. (1960). *The Image of the City*, Cambridge, MA and London: The MIT Press.

Lynch, K. (1981). *Good City Form*, Cambridge, MA and London: The MIT Press.

Manghani, S., Arthur, P., and Simons, J. (2006). *Images: a reader*, London: SAGE Publications Ltd.

Marshall, G. (1998). *A Dictionary of Sociology*, Oxford: Oxford University Press.

McDermott, C. (2007). *Design: the key concepts*, Oxford: Routledge.

Meggs, P. B. (1983). *A History of Graphic Design*, London: Allen Lane.

Meggs, P., and Purvis, A. W. (2006). *Meggs' History of Graphic Design*, Chichester: John Wiley & Sons.

Meggs, P. B. (2014). 'Graphic Design'. Available at: www.britannica.com/EBchecked/topic/1032864/graphic-design.

Middendorp, J. (2008). 'Amsterdam bridge lettering', in D. Quay, (ed.), *Typographic 67*, Taunton: International Society of Typographic Designers.

Miller, J. (1999). *Nowhere in Particular*, London: Mitchell Beazley.

Mirzoeff, N. (2013). *The Visual Culture Reader*, Oxford: Routledge.

Mitchell, W. J. T. (1986). *Iconology: image, text, ideology*, Chicago: The University of Chicago Press.

Moles, A. M. (1989). 'The legibility of the world: a project of graphic design', in V. Margolin, (ed.), *Design discourse: history, theory, criticism*, Chicago: The University of Chicago Press, 119–29.

Mollerup, P. (2005). *Wayshowing*, Baden: Lars Müller Publishers.

Monmonier, M. (1993). *Mapping It Out: Expository Cartography for the Humanities and Social Sciences*, Chicago: University of Chicago Press, 4–12.

Mumford, L. ([1937] 2003). 'What is a City?', in R. T. LeGates and F. Stout, (eds), *The City Reader*, London and New York: Routledge.

Needham, B. (1977). *How Cities Work*, Oxford: Pergamon Press.

Nelson, H. G., and Stolterman, E. (2012). *The Design Way: intentional change in an unpredictable world*, Cambridge and London: The MIT Press.

Newark, Q. (2002). *What is Graphic Design?*, London: RotoVision SA.

O'Pray, I. (2013). 'Fake zebra crossing is painted on busy street', Harborough Mail 3. Available at: www.harboroughmail.co.uk/news/mail-news/fake-zebra-crossing-is-painted-on-busy-street-1-5279771.

Perkins, C. (2003). 'Cartography and graphicacy', in N. J. Clifford, S. L. Holloway, S. P. Rice, and G. Valentine, (eds), *Key Methods in Geography*, London: SAGE, 343–368.

Perkins, T. (2000). 'The Geometry of Roman Lettering', *Font: Sumner Stone, Calligraphy and Type Design in a Digital Age*, Ditchling, Sussex: Edward Johnston Foundation and Ditchling Museum.

Poe, E. A. (1858). *The Works of the Late Edgar Allan Poe: with a memoir by R. W. Griswold and notices of his life and genius by N. P. Willis and J. R. Lowell. Vol.* III, *the literati. New York: Redfield*, New York: Redfield.

Poetter, R. S. (1908). 'Graphic Design for reinforcing Rectangular Concrete Sections', *Cement Age*, VI(2), 226–32.

Poyner, R. (1999). 'Typographica: modernism and eclecticism', *Eye Magazine*, 8(31), 64–73.

Poyner, R. (2002). *Typographica*, New York: Princeton Architectural Press.

Poyner, R. (2003). *No More Rules: graphic design and postmodernism*, London: Laurence King Publishing.

Pylyshyn, Z. W. (2007). *Things and places : how the mind connects with the world*, Cambridge MA and London: The MIT Press.

QAA. (2008). *Subject Benchmark Statements: art and design*, Gloucester: The Quality Assurance Agency for Higher Education.

Queiroz, J., and Farias, P. A. (2014). 'On Peirce's Visualization of the Classification of Signs: Finding a Common Pattern in Diagrams', in Thellefsen, T. Sorensen, and Bent, (eds), *Charles Sanders Peirce in His Own Words – 100 Years of Semiotics, Communication and Cognition*, Berlin: Walter de Grouyer, 283–90.

Rowe, C., and Koetter, F. (1978). *Collage City*, Cambridge, MA, and London: The MIT Press.

Roylance, B., Quance, J., Craske, O., and Milisic, R. (2000). 'The Beatles Anthology', London: Cassell & Co.

Rykwert, J. (1988). *The Idea of a Town*, Cambridge, MA: MIT Press.

Scollon, R., and Wong Scollon, S. (2003). *Discourses in Place: Language in the Material World*, London: Routledge.

Seago, A. (n.d.). 'ARK Magazine: the Royal College of Art and Postmodernism', in C. Frayling and C. Catterall, (eds), *Design of the Times: one hundred years of the Royal College of Art*, Shepton Beauchamp: Richard Dennis.

Shaw, P. (2014). '*Graphic Design': A brief terminological history*. Available at: www.paulshawletterdesign.com/2014/06/graphic-design-a-brief-terminological-history/.

Shimojima, A. (1999). 'The Graphic-Linguistic Distinction: Exploring Alternatives.' *Artificial Intelligence Review*, 13(4), 313–35.

Simon, H. A. (1996). *The Sciences of the Artificial*, Cambridge, MA: The MIT Press.

Soanes, C., and Stevenson, A. (2005). *Oxford Dictionary of English*, Oxford: Oxford University Press.

Soar, M. (2004). 'Excoffon's autograph', *Eye Magazine*, 14(54), 50–7.

Soja, E., W. (2010). *Seeking Spatial Justice*, Minneapolis: University of Minnesota Press.

Steel, C. (2009). *Hungry City: how food shapes our lives*, London: Vintage Books.

Stöckl, H. (2005). 'Typography: body and dress of a text – a signing mode between language and image', *Visual Communication*, 4(2), 204–14.

Strauss, A. L. (1961). *Images of the American City*, New York: The Free Press of Glencoe.

Sutton, J. (1965). *Signs in Action*, London: Studio Vista.

Thaler, R. H., and Keller, D. ([2008] 2009). *Nudge*, London: Penguin Books

Thrift, N. (2009). 'Space: the fundamental stuff of geography', in N. J. Clifford, S. L. Holloway, S. P. Rice, and G. Valentine, (eds), *Key Methods in Geography*, London: SAGE, 85–96.

Tillman, T. (1990). *The Writings on the Wall: peace at the Berlin Wall*, Santa Monica: 22/7 publishing company.

Tomrley, C. G. (1950). 'Official lettering gives a lead', *Design*(14), 12–14.

Tonkiss, F. (2013). *Cities by Design: the social life of urban form*, Cambridge: Polity Press.

Triggs, T. (2009). 'Editorial', *Visual Communication*, 8(3), 243–7.

Tschichold, J. ([1928] 1998). *The New Typography: A Handbook for Modern Designers*, trans. Ruari McLean, Berkeley: University of California Press.

Twyman, M. (1982). 'The graphic presentation of language,' *Information Design Journal*, 3(1), 2–22.

UN-Habitat. (2008). *State of World Cities 2008/2009: Harmonious Cities*, London: Earthscan.

van der Waarde, K. (2009). *On graphic design: listening to the reader.* Avans Hogeschool Research Group Visual Rhetoric AKV St. Joost.

Venturi, R., Scott Brown, D., and Izenour, S. (1977). *Learning from Las Vegas*, Cambridge MA, and London: The MIT Press.

von Engelhardt, J. (2002). *The Language of Graphics: A framework for the analysis of syntax and meaning in maps, charts and diagram*, University of Amsterdam, Institute for Logic, Language and Computation.

Walker, J. A. (1995). 'The London Underground diagram', in T. Triggs, (ed.), *Communicating Design: essays in visual communication*, London: B.T. Batsford Ltd.

Ward, L. F. (1902). 'Contemporary Sociology', *American Journal of Sociology*, 7(5), 629–58.

Waugh, D. (2000). *Geography: an integrated approach*, Walton-on-Thames: Nelson.

White, R. M. (1988). 'Preface', in J. H. Ausubel and R. Herman, (eds), *Cities and their Vital Systems*, Washington DC: National Academy Press.

Williams, G. (1954). 'Street Furniture', *Design*(69), 15–33.

Wilmot, P. D. (1999). 'Graphicacy as a form of communication', *South African Geographical Journal*, 81(2), 91–5.

Zittoun, T., Duveen, G., Gillespie, A., Ivinson, G., and Psaltis, C. (2003). 'The Use of Symbilic Resources in Development Transitions', *Culture & Psychology*, 9(4), 415–48.

# 译后记

　　本书的作者罗伯特·哈兰德是英国拉夫堡大学设计与创意艺术学院副教授，他的主要研究领域是探索城市图形信息系统的设计。他对研究对象的关注长久而持续，集中研究了作为城市对象的图形对象，他在研究中使用视觉设计作为城市设计的视角来理解人、场所和视觉传达目的。他曾是英国艺术与人文科学研究理事会（AHRC）与牛顿基金（NEWTON FUND）合作资助的图形遗产再定位项目的主持人。哈兰德先生密切关注与中国设计界的学术交流，参加了中国美院与拉夫堡大学共同举办的"新常态：2021国际设计研究学术研讨会"，并做了"Seeking to Build Theory from Graphic Design Research"的发言，尝试从更多的维度探讨视觉设计在城市空间中的广泛应用与相应的方法论，发言引起了与会专家和各界听众的积极回应，反映出他为中西方设计界贡献自己智慧的专业责任感。

　　中国建筑工业出版社引进了的本书的版权，我十分有幸承担了本书的翻译工作。翻译过程中，作者提到的几个英国城市环境设计的典型案例，让我对这个历史与文化独树一帜的国家的城市面貌又增加了不少的了解。在设计界，英国文化所代表的理性气质表现突出，在城市设计领域的探索给世界各国提供了许多有益的借鉴。希望通过本书对于"他山之石"的了解和研究，我们可以以此为鉴，观照今天中国的现代城市发展问题。一直以来，我所关注的领域是设计历史与当代设计发展，尤其是在综合设计以及公共艺术在中国城市发展中的设计表现上，观察到了一些现象，有些积极举措反映了当下中国人的城市生活品质持续提升的现象。比如近几年来，北京市的一些城市更新项目从实践角度做出了令人振奋的成果，也让我从一个城市设计的使用者与设计理论的研究者的角度，对未来设计师能够为人类的福祉贡献出专业力量充满了希望。

　　金秋十月，本书即将付梓，在此感谢为本书的出版给予支持的专家、师友和工作人员，在他们的专业帮助和细心工作之下，这本书才得以顺利出版。研究生赵原协助进行了翻译的整理工作，展现出了一个年轻学人严谨的学术态度。同时要感谢本书的责任编辑李成成女士，她的责任心和敬业度，让我钦佩。

　　限于本人学识的不足，译文难免会有错讹之处，恳切希望读者朋友们批评指正。

张澎

2022年10月26日

图版1　各种各样的城市对象（荷兰代尔夫特，2011年；日本东京，2013年；挪威奥斯陆，2013年；英国伦敦，2010年；意大利罗马，2009年；美国旧金山，2013年；瑞典哥德堡，2013年；阿拉伯联合酋长国迪拜，2009年；法国巴黎，2015年；美国费城，2014年；韩国首尔，2009年；加拿大蒙特利尔，2010年；巴西圣保罗，2010年；英国伦敦，2015年；美国纽约，2010年；意大利拉丁，2015年；英国马基特哈伯勒，2015年；挪威奥斯陆，2013年）

城市设计师没有办法在这堆杂七杂八的东西中找出分类的具体方法。

图版2　图拉真纪功柱（意大利罗马，2009年）

它的螺旋形装饰带最为著名，也同样因底座上的铭文而被人所知，这些铭文是罗马字体的标准样本。

图版3 伦敦的各种交通图形元素（英国伦敦，2010—2015年）
该标识系统以爱德华·约翰斯顿的"地铁"字体设计的统一应用为基础。

图版4　相互联结的谢菲尔德行人标识系统（英国谢菲尔德，2008年）
在这里可以完整地看到字体—排版—图形—城市设计四个方面的内容。

图版5　帝国大厦（美国纽约，2010年和2014年）

建筑的剪影和立面的字体都从周围的环境中脱颖而出。

图版6 新宿的摩天大楼区（日本东京，2013年）

图版展示了自地面往上的建筑立面上，一系列具有不同功能的图形对象，它们争相从克制的灰色城市景观中脱颖而出。

图版7　新宿的歌舞伎町区（日本东京，2013年）

阿尔塔工作室的立面迎接着从新宿站东出口出来的行人。这是一个地标和节点，是前往歌舞伎町之前的一个很受欢迎的聚会场所。除此之外，从鸟居门到花津寺，东京最大的红灯区沉浸在一场图形抉择的混搭中。

图版8　新宿的城市肌理（日本东京，2013年）

在整个过程中，视觉元素以相对持久和具有表现力的方式装饰和强化了新宿的城市
基础设施的应用效果。

图版9　威斯敏斯特市的街道铭牌（英国伦敦、马基特哈伯勒、兰迪德诺、卢特沃斯、牛津，2013—2015年）

这个标志的现代美学源于其"新字体"与"旧字体"的对比，由于其简洁的魅力被广泛使用。其恰当的含义被越来越多地使用在流行文化中。

图版10　永久性和半永久性的图形信息（意大利隆加诺，2016年；英国黑潭，2014年；巴西圣保罗，2010年；英国马基特哈伯勒，2012年和2013年；韩国首尔，2009年；英国蒂弗顿，2007年）

无视城市视觉元素的介质特异性的地毯、装饰画、防护服、警示带和园艺灌木。

图版11　建筑整体性的重要性（意大利罗马，2007年）

出于对文化遗产外观整体性的考虑，麦当劳在罗马的西班牙广场（Piazza Spagna）的招牌采用了比较保守的外观形式。尽管熟悉的麦当劳字体被放大以填补可用的空间，但与城市的地铁标志不同的是，这种亲切的招牌颜色与当地环境非常契合。

图版12　地面环境的殖民记忆（上半页，葡萄牙里斯本，2006年；下半页，巴西圣保罗，2010年、2012年、2004年）

里斯本和圣保罗的地面图案象征了葡萄牙和巴西之间跨越五百多年的历史联系和空间关系。

图版13　旧金山的吉拉德利广场（美国旧金山，2013年）

在这个具有重要历史意义的地点，图形对象为建筑增加了互动性，促进并重新定义了人与时间和空间的互动。

图版14　上塞纳省拉德芳斯（法国上塞纳省，2015年）

拉德芳斯是一个灰色占主导地位的区域，图形对象提供了亮点，并且定义了大多数不是传统建筑或景观建筑的形式。

图版15 剧院区和时代广场（美国纽约，2010年和2014年）

与其说这是一个广场，不如说这是一个交叉路，这个广受欢迎的旅游目的地展示的不仅仅是覆盖在每一个可用立面上的电子广告牌，它们通过多种形式的图形表达发挥着作用。

图版16　阿马尔合作社（巴西圣保罗，2010年和2014年）

回收纸张、纸板、废料和可回收材料自治的拾荒者合作社——阿马尔合作社，位于圣保罗皮涅鲁斯地区的一座高架桥下。当地居民非常贫困，几十年来，历经从无家可归者到市民的转变之后，合作社的工人们正在为这座城市提供服务。

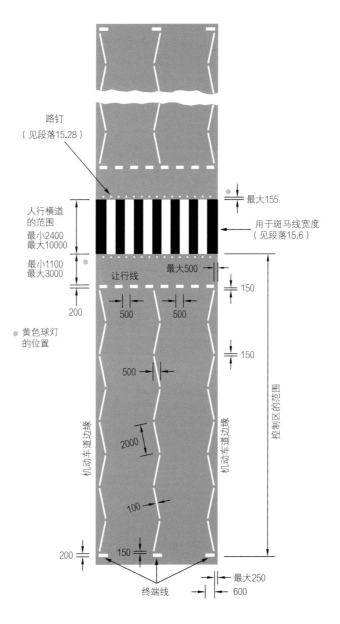

图版17　斑马线：英国的人行横道规范

英国实施的"斑马线"路口符合这一基本布局。

图版18 斑马线：斑马线的基本组成部分（英国马基特哈伯勒和布莱克浦，2015年）

人行横道由画的平行矩形组成，位于十字路口、让路线和对角线、安装在电线干上的琥珀色球灯（或白丽莎灯塔）和反光路钉等节点上。这些标志用以提醒司机注意行人过马路，并指示行人在一个安全的地方过马路。

图版19　斑马线：路口上方的图形装置（巴西圣保罗，2014年）

在英国以外的地区，附加的路口上方的图形标志会提醒司机注意行人有可能会在前方穿过马路。

图版20　斑马线：对基本的人行横道模型的调适（日本东京，2013年；巴西圣保罗，2012年；西班牙瓦伦西亚，2014年；法国巴黎，2015年）

斑马线基本的黑白平行线经改造后已经覆盖了整个路口，以提供足够的宽度来满足大量的行人以及弯道和转角的需求。

图版21　斑马线：在城市和乡村的应用（美国纽约，2010年；挪威奥斯陆，2013年；意大利隆加诺，2009年）

在城乡之间的结合部，彩绘的条纹指明了行人穿行的地方，即使在没有人行道的地方也是如此。

图版22　斑马线：持久性、永久性和权威性（荷兰代尔夫特，2011年；瑞典于默奥，2014年；挪威奥斯陆，2013年；瑞典布罗斯，2013年；瑞典布罗斯（再次），2013年；葡萄牙里斯本，2006年；法国巴黎，2015年；英国利兹，2014年）

在巴黎的香榭丽舍大道等的一些最负盛名的城市街道中，硬地面采用了基础白色条纹以构建其永久性的面貌。

图版23 斑马线：凯旋门视角（法国巴黎，2015年）

从凯旋门的俯视图上可以看到，三个同心圆的道路斑马线，环绕着凯旋门，横跨了向中心汇聚的12条大道。

图版24 斑马线：颜色的变化（意大利伊塞尔尼亚，2014年；意大利罗马，2015年）

意大利的这些版本加入了额外的颜色，以进一步识别交叉路口。本页上方图片中的
斑马线色彩艳丽（照片未经修饰），是这座城市为迎接教皇2014年的访问而进行的
重新粉刷。

图版25　斑马线：地面颜色（韩国首尔，2009年）

虽然白色条纹可以与其他颜色的道路表面一起使用，但不能保证行人能遵守这种情况下的交通规范。

图版26　斑马线：与景观融为一体（日本东京，2013年；英国伦敦，2014年；西班牙巴伦西亚，2014年；英国布莱克浦，2014年）

在这些例子中，交叉路口的纯洁性符合其正常运转所在的景观的几何风格。

图版27　斑马线：结合文字系统（中国香港，2007年）

这种颜色协调的交叉路口，与琥珀色的球形灯相匹配，展示了斑马线是如何与两种附加的语言文字的变体一起发挥作用的。

图版28 斑马线：模式的一致性（葡萄牙里斯本，2006年）

在需要谨慎面对历史传统的区域，采用统一的图案策略可加强人行道至行车道之间的过渡。

图版29　斑马线：安全可靠的行人穿行区（英国伦敦斯坦斯特德，2007年）

有些环境，特别是我们不熟悉的环境，例如机场，要求我们在短距离步行时，更加注意安全保障问题。

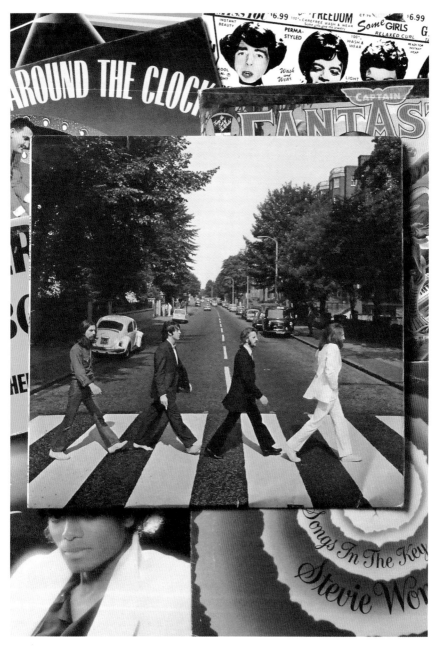

图版30　斑马线：披头士乐队的《艾比路》（*Abbey Road*）专辑封面

最初来自于保罗·麦卡特尼的一幅速写，这张封面图像的拍摄地现在成为一代又一代披头士迷的旅游胜地。

**图版31　斑马线：涩谷区交叉路口（日本东京，2013年）**

每隔几分钟，东京涩谷路口就会出现人们争相前往另一边的场面，斑马线的约束对维持秩序几乎不起作用。

图版32　斑马线：激进主义（英国马基特哈伯勒，2013年）

在这个危险的地方过马路，行人面临着汽车司机在看不见的情况下转入交叉路口的危险。一位民众在行车道上画上了斑马线，但这些线很快就在地方议会的决议下被涂掉了。